VOLKS-KARTEN.

Karten über die Verteilung der Bevölkerung

im Regierungsbezirk Oberfranken,

Bezirksamt Garmisch, Herzogtum Oldenburg, in der Lichtenfelser Gegend

und

im 9. Bezirk der Stadt München

nach neuer Methode gezeichnet und erläutert

von

CHR. SANDLER.

München.

Druck und Verlag von R. Oldenbourg.

VORWORT.

_____

Das statistische Material zu diesen Karten lag gröfseren Teils nicht in Publikationen vor, sondern mufste erst aus Listen und Zählbogen ausgearbeitet werden, und zwar für den 9. Münchner Stadtbezirk nach der Berufs- und Gewerbezählung von 1895, für den Regierungsbezirk Oberfranken und das Bezirksamt Garmisch aber, da die Zählbogen der Berufs- und Gewerbezählung nicht mehr vorhanden waren, nach der Volkszählung von 1890. Für die bereitwillige Ausfolgerung der Zählbogen und die gefällige Vermittlung von geschulten Hilfskräften zu ihrer Durcharbeitung bin ich verpflichtet:

1. dem seinerzeitigen Vorstand des königl. statistischen Bureaus, Herrn königl. Regierungsdirektor K. RASP, und dem königl. Geheim-Sekretär und Regieverwalter des gleichen Bureaus, Herrn NEP. ZWICKH;

2. dem Vorstand des städtischen statistischen Amtes von München, Herrn F. X. PRÖBST, und dem Sekretär und Oberbeamten der gleichen Stelle, Herrn Dr. K. SINGER.

Die Zahlen für die Arealgröfse der einzelnen Anwesen des 9. Münchner Stadtbezirks hat mir in zuvorkommendster Weise Herr königl. Regierungsrat WILH. SPATZE, Vorstand des Stadtrentamts München I, zur Verfügung gestellt.

Allen diesen Herren sage ich auch an dieser Stelle ergebenen Dank.

MÜNCHEN, im September 1898.

DER VERFASSER.

INHALT.

Dazu 7 Karten.

VOLKS-KARTEN.

Einleitung.

Die geographische Forschung umfaßt zwei Hauptgebiete: das eine ist die Erdoberfläche, das andere bilden die Beziehungen der Lebewesen, insbesondere des Menschen, zu dieser Erdoberfläche.

Das wichtigste Hilfsmittel beim Studium des ersten Gebietes sind die Landkarten, und es ist bewundernswert, bis zu welcher Vollkommenheit der Darstellung sie bereits gediehen sind. Sie geben, was die Form des Terrains betrifft, geradezu auf jede Frage Antwort.

Was das andere Hauptgebiet betrifft, so nimmt unter den Beziehungen des Menschen zur Erdoberfläche den ersten Platz seine räumliche Verteilung ein. Auch zu ihrer Erkenntnis giebt die Kartographie ein vorzügliches Hilfsmittel an die Hand in den sogenannten Volksdichtenkarten, die ich hier im Gegensatz zu den Landkarten einfach Volkskarten nennen möchte.

Nur konnten und können bis auf weiteres diese Volkskarten nicht die gleiche Höhe der Entwicklung erreichen wie die Landkarten.

Zweierlei Hindernisse stehen dem im Wege.

Die einen sind im Wesen der Dinge selbst begründet und müssen als unabänderlich hingenommen werden. Die Erdoberfläche, deren Bild uns die Landkarte giebt, ist etwas unmittelbar Sichtbares, Greifbares, in seinen allgemeinen Zügen sich Jahrtausende hindurch Gleichbleibendes; die Verteilung der Bevölkerung aber, die uns die Volkskarte zeigen soll, ist an sich weder unmittelbar zu erfassen, noch bleibt sie sich auch nur einen Augenblick gleich. Sie wechselt wie der Wellenschlag des Meeres. Die Darstellung des Terrains geht demnach aus von thatsächlich vorhandenen Fixpunkten, und berechnete Durchschnittswerte, wie die mittleren Höhen von Pässen, Gipfeln, Kammlinien u. s. w., spielen dabei keine

Rolle; für die Volkskarten aber sind wir grofsenteils gerade auf berechnete Durch-schnittswerte, die relativen Dichtenzahlen, angewiesen, und dabei müssen wir uns zuvor noch fragen, für welche Flächen und Bevölkerungselemente wir sie ermitteln sollen.

Die anderen Hindernismomente beruhen in der Art der Behandlung des Problems, und hierin wäre es vielleicht möglich Wandel zu schaffen. Man hat das Problem von jeher zu statistisch und zu wenig geographisch aufgefafst. Damit meine ich nicht, dafs man als Flächen, deren Bevölkerungsdichte zu bestimmen war, zu häufig administrative Bezirke angenommen hätte, denn man hat statt administrativer schon oft und schon früh genug geographische Grenzen angewendet; sondern ich meine, dafs man mit der Angabe der Beziehungen der Bevölkerung zu ihrem Boden, oder anders ausgedrückt: mit der Einteilung der Bevölkerung in ihre Elemente nach geographischen Rücksichten zu sparsam gewesen ist.

Dafs man unbrauchbare Resultate erhält, wenn man die Gesamt-bevölkerung auf die Fläche verrechnet, das freilich stellte sich schon bei den ersten Versuchen heraus. Für die Bezirke, in welchen gröfsere oder mehrere Städte liegen, bekam man so hohe Dichtenziffern, dafs man sie zum Vergleich mit den rein ländlichen Bezirken nicht mehr brauchen konnte. Man suchte daher dadurch zum Ziel zu kommen, dafs man die Städte einfach aufser Berechnung liefs. Der Begriff Stadt mufste dabei statistisch genommen werden, indem man alle Ortschaften dazu rechnete, deren Einwohnerzahl eine bestimmte Höhe über-schritt. Auf diese Weise aber schied man nicht die ländliche Bevölkerung von der städtischen, noch weniger die ackerbautreibende von der nichtackerbautreibenden, sondern nur die landsässige von der stadtsässigen. Auch SPRECHER VON BERNEGG[1]), der die »bodenständige«, d. h. ackerbautreibende Bevölkerung dadurch zu treffen vermeinte, dafs er ebenfalls unter Ausscheidung der Städte auf eine Zeit mit gering entwickelter Industrie zurückgriff, ist hierüber nicht wesentlich hinaus-geschritten.

Klarer ist sich in dieser Sache KÜSTER gewesen. Er verlangt[2]) von der Volksdichtenkarte: »sie mufs die Anzahl der auf dem dargestellten Gebiete lebenden Menschen getreu wiedergeben, sie mufs deren naturwahre Verteilung über das Gebiet in ihrer Abhängigkeit von sämtlichen geographischen Faktoren zur Dar-stellung bringen, sie mufs endlich soweit wie möglich den Anteil der einzelnen Gruppen der Bevölkerung, nach Berufsarten ausgeschieden, an der Zusammen-setzung der Gesamtbevölkerung erkennen lassen.« Welche Berufe zu Berufsarten zusammengefafst werden sollten, — vermutlich meinte er die übliche statistische Einteilung —, und wie eine jede dargestellt werden sollte, darüber sagt er an einer späteren Stelle[3]) nur dieses: »Eine Spezialkarte . . . . . wird nicht umhin

---

[1]) SPRECHER VON BERNEGG, H., Die Verteilung der bodenständigen Bevölkerung im Rheinischen Deutschland i. J. 1820. Diss. Göttingen 1887.

[2]) KÜSTER, E., Zur Methodik der Volksdichtedarstellung. (Ausland 1891, S. 155.)

[3]) A. a. O., S. 169.

können, die vorzüglichen Daten der statistischen Bureaus zu benutzen; sie wird zunächst eine Ausscheidung der ackerbautreibenden Bevölkerung durchzuführen und diese dann darzustellen haben. Nur dieser ackerbautreibende Teil der Bevölkerung wird also seiner relativen Dichtigkeit nach verzeichnet; der Rest wird in seiner wahren Verteilung auf die einzelnen Ortschaften nach der Methode eingetragen, die wir für die Darstellung der absoluten Größe der Bevölkerung kennen gelernt haben. Zugleich dürfte es noch möglich sein, durch die Farbe der Ortschaftssignatur das Verhältnis beider Bevölkerungsgruppen auszudrücken.«

Einen Versuch zur praktischen Ausführung dieser Ideen zu machen, war Küster leider nicht vergönnt. Es ist mir auch sonst niemand bekannt geworden, der versucht hätte, dem Problem in diesem Sinne nachzugehen. Die Bemühungen, brauchbare Karten dadurch zu erhalten, daß man die Aufgabe möglichst einfach stellte (Verhältnis der Gesamtbevölkerung oder der »Landbevölkerung« zu ihrem Boden), hatten keine günstigen Ergebnisse geliefert; da mußte es noch aussichtsloser erscheinen, wenn an die Volkskarten noch höhere Anforderungen gestellt wurden als bisher. In Wirklichkeit aber wird, wenn wir die Bevölkerung nach der geographischen Zusammengehörigkeit ihrer Berufe gruppieren und jede Gruppe in besonderer Weise darstellen, die Frage nicht verwickelter, sondern einfacher. Wir teilen die Aufgabe und können sie leichter bewältigen.

Theoretische und praktische Erwägungen.

Die Landkarte zeigt uns nicht nur die Form der Erdoberfläche, sondern auch ihre Beschaffenheit, insofern wenigstens, als sie Wasser und Land, Wiese und Feld, Sumpf und Wald unterscheidet, und von der Volkskarte verlangen wir also, daß sie nicht nur die Verteilung der Bevölkerung angiebt, sondern auch, aus welchen Elementen die Bevölkerung zusammengesetzt ist.

In je weniger »Elemente« die Bevölkerung zu diesem Behuf zerlegt zu werden braucht, desto vorteilhafter wird es sein, das Prinzip aber, nach welchem die Zerlegung vorgenommen werden muß, geht aus dem Zweck der Volkskarten hervor. Sie sollen uns ein Hilfsmittel sein, um die Beziehungen des Menschen zur Erdoberfläche zu erforschen. Also sind diese Beziehungen das Maßgebende.

Sie sind um so inniger, in je höherem Grade der Mensch von der Beschaffenheit der Gegend abhängig ist, in der er lebt, und sie offenbaren sich am deutlichsten in dem, was er thut und treibt. Abhängig in diesem Sinne ist jeder, verschieden aber ist Art und Grad der Abhängigkeit.

Versuchen wir daher, die Bevölkerung aus diesem Gesichtspunkte in Gruppen einzuteilen.

Als augenfällig abhängig von der Beschaffenheit ihrer Gegend erkennen wir vor allem die Ackerbautreibenden. Sie gewinnen Nahrung und Erwerb durch Bearbeitung des Bodens, seine Beschaffenheit ist also für sie ausschlaggebend. Nennen wir sie deshalb mit einem bereits eingeführten Ausdruck **bodenständig.**

Ihnen gegenüber steht eine nicht minder gut abgegrenzte Gruppe: die Handel- und Verkehrtreibenden. Für sie giebt ein rein geographisches Moment den Ausschlag. Sie sind abhängig nicht sowohl von der Beschaffenheit des Bodens, als vielmehr von der des Ortes, an dem sie leben. Oberflächengestalt und vor allem geographische Lage des Ortes müssen bestimmten Anforderungen entsprechen, wenn Handel und Verkehr dort mit Vorteil betrieben werden sollen. Wir nennen diese Gruppe analogerweise **ortständig.**

Wieder in anderer Weise an Ort und Stelle gebunden sind die, welche ich **nahständig** nennen möchte. Sie gewinnen gewisse Materialien, die in der Natur fertig oder wenigstens ohne ihr, der Nahständigen, Zuthun vorhanden sind, wie Steine, Erden, Erze u. s. w., aus dem Boden, oder verarbeiten sie, um Transportschwierigkeiten zu vermeiden, nahe der Förderstelle, oder sie machen sich Kräfte (hauptsächlich des Wassers) zu nutze, die ebenfalls die Natur bietet. Sie sind daher gezwungen, sich in der Nähe dieser Materialien oder Kräfte anzusiedeln.

Diese drei Bevölkerungsabteilungen sind unmittelbar von der Beschaffenheit ihrer Gegend abhängig, die vierte und letzte nur mittelbar. Die dazu gehörenden bedürfen der Kräfte oder wenigstens der Anwesenheit anderer Menschen, sei es zur Ausführung oder Verwertung ihrer Berufsarbeiten, sei es auch nur zu ihrem persönlichen Behagen. Sie ziehen sich also mit Vorliebe dahin, wo bereits eine Ansammlung von Menschen, eine »Agglomeration«, vorhanden ist: sie sind **agglomerierend.**

Die Bevölkerung wäre also in vier Kategorien darzustellen. Wie Küster (s. o.) bin auch ich der Ansicht, dafs es, wenigstens bei Karten kleineren Mafsstabs, nur für die Bodenständigen Sinn hat, sie in Beziehung zur Flächengröfse ihres Gebietes zu setzen. Hieraus ergäbe sich für die praktische Ausführung der Karten die Zerlegung der Bevölkerung in zwei Hauptteile: bodenständige und nichtbodenständige. Nur jene wären relativ darzustellen, diese aber absolut, und zwar würde es sich empfehlen, die nichtbodenständigen zunächst in Summa anzugeben und dann durch besondere Färbungen noch anzudeuten, welch ungefähren Prozentteil die Ortständigen und die Nahständigen an ihrer Zusammensetzung ausmachen.

Der Versuch, eine Karte nach dieser Einteilung auszuführen, bleibt aber vorläufig ausgeschlossen, denn die Statistik, auf deren Hilfe wir angewiesen sind, arbeitet nach einem anderen Schema. Hingegen trifft es sich noch glücklich, dafs ihre Einteilung wenigstens in ein paar Hauptsachen mit der oben skizzierten geographischen zur Deckung gebracht werden kann, so dafs es immerhin noch möglich ist, aus dem rein statistischen Material Karten zu konstruieren, die noch die Bezeichnung geographische verdienen.

Die Statistik gliedert nämlich die Bevölkerung in folgende sechs Berufsabteilungen:

A. Landwirtschaft, Tierzucht und Gärtnerei, Forstwirtschaft; Jagd und
   Fischerei.
B. Bergbau und Hüttenwesen, Industrie und Bauwesen.
C. Handel und Verkehr, Versicherungsgewerbe, Beherbergung und
   Erquickung.
D. Häusliche Dienste und Lohnarbeit wechselnder Art.
E. Militär-, Hof-, bürgerlicher und kirchlicher Dienst und sogenannte
   freie Berufsarten.
F. Ohne Beruf und Berufsangabe.

Hievon deckt sich C ziemlich genau mit unseren Ortständigen, A würde,
abgesehen von der zu den Nahständigen zu rechnenden Fischerei und Jagd, den
Bodenständigen entsprechen, und D, E und F sind sämtlich agglomerierend.
Dagegen finden wir in B Nahständige (Berg- und Hüttenwesen; Torfgräberei;
Industrie der Steine und Erden; zahlreiche Berufe der Metallverarbeitung; forstwirtschaftliche Nebenprodukte; Färber, Gerber, Schiffbauer, Wind- und Wassermüller
und zahlreiche andere) mit Agglomerierenden in buntem Durcheinander, und sie
nach den statistischen Listen zu trennen, ist ganz unmöglich, da diejenigen von den
nahständigen Betrieben, die man wasserständig heifsen könnte, bei der Berufszählung nicht ausgeschieden werden. Es würde aber auch unter Vernachlässigung
dieser Unterabteilung die gröfste Mühe machen, uns die gewünschten Daten zu
verschaffen.

Ich habe daher auf die Gruppe der Nahständigen bei der Ausführung der
Karten ganz verzichtet und habe (für die Übersichtskarten) die Bevölkerung
nur eingeteilt in Ackerbautreibende (Berufsart A) und Nichtackerbautreibende, und innerhalb der letzteren habe ich nur die Ortständigen
(Berufsart C) durch besondere Zeichen ausgeschieden.

Die ackerbautreibende Bevölkerung.

Ein ideales Bild der Verteilung der ackerbautreibenden Bevölkerung würden
wir dann erhalten, wenn wir im Stande wären, auf der Karte jedes Stückchen
Boden, dem die Jahresarbeit eines Ackerbautreibenden zugewendet wurde, mit einem
Punkt[1]) zu bezeichnen. Es würde freilich zahllose Einzelheiten zeigen, und die
Verteilung der Punkte würde schon auf kleinem Raume sehr ungleichmäfsig sein;
denn schon die Arbeit, die bei Bestellung eines Grundstückes geleistet werden soll,

---

[1]) Vgl. RATZEL, F., Anthropogeographie II. Stuttgart 1891, S. 202.

ist nach Menge und Zeit sehr verschieden, je nachdem es Wald oder Getreide, Handelsgewächse oder Kartoffeln, Wiese oder Garten trägt, und die Arbeit, die wirklich geleistet wird, wechselt selbst in benachbarten und sonst gleichartigen Gebieten mit dem Fleiſs, Verständnis und Vermögen der Bauern. Durch die Unmasse von Besonderheiten hindurch aber würde bei genügend kleinem Maſsstab das Auge wohl vermögen, die allgemeinen Züge der Verteilung der Ackerbau-treibenden zu erkennen, und wir würden, um einen einfachen Ausdruck dafür zu erhalten, ein Übriges thun und würden für die den allgemeinen Zügen ent-sprechenden Flächen die Dichte der ackerbautreibenden Bevölkerung berechnen und in das absolute Bild diese relativen Dichtenzahlen einschreiben.

Auf die Besonderheiten würden wir also gern verzichten, und so entsteht die Frage, ob jene Flächen und die dazugehörigen Dichtenzahlen nicht in praxi und mit wenigstens annähernder Richtigkeit zu finden seien.

Diese Frage dürfte zu bejahen sein. Es muſs aber ausdrücklich darauf hingewiesen werden, daſs nur einige wenige von den gewünschten Flächen im vorhinein und direkt aus den Landkarten angegeben werden können. Das sind gerade diejenigen, deren Bevölkerungsdichte augenfällig und ausnahmslos schwach ist, nämlich Unland, Wald und unter Umständen auch Weide. Für den wichtigeren und gröſseren Teil, das sogenannte Kulturland, dagegen kann nur eine Vorarbeit eigener Art zum Ziele führen. Falsch wäre es dabei, von der topographischen, geologischen oder agronomischen Beschaffenheit der Flächen auszugehen, denn sie beeinflussen die Dichte der Bevölkerung keineswegs immer im gleichen Sinne. Fleiſs und Verstand vermag die Ungunst des Bodens zu überwinden, und anderer-seits kann es sich fügen, daſs die Gunst des Bodens nur wenigen Reichen zu gute kommt. Es kann auch vorkommen, daſs ein Boden, obwohl er von jeher gering-wertig war und auch geringwertig blieb, eine dichtere Bauernbevölkerung trägt als ein unweit davon liegender guter Boden. Die Bauern auf dem schlechten Boden leben dann eben schlechter, und das ist bekanntlich kein Grund, daſs ihre Familien an Kopfzahl schwächer sein sollten.

Für die Vorarbeit muſs einfach jegliche Voraussetzung unter-drückt, und es muſs ganz mechanisch vorgegangen werden.

Wir zerlegen zu diesem Zweck das Land in kleine Teilchen und berechnen für jedes die Dichte. Legen wir dann die Teilchen ihrer Dichte entsprechend in Farben an, so erhalten wir ein Mosaikbild, das im einzelnen ungenau und selbst unrichtig sein kann, im allgemeinen aber die richtigen Züge der Bevölkerungs-verteilung durchblicken lassen wird.

Form und Lage der Teilchen, in die das Land zerlegt werden soll, ist dabei gleichgiltig. Wesentlich ist nur, daſs sie klein genug sind, und daſs die Bauern und die von ihnen bearbeiteten Grundstücke zugleich darin enthalten sind. Dem entsprechen in unserem Vaterlande am besten die Gemeinden, und wir sind damit auch aller langwierigen, planimetrischen Messungen überhoben, denn die nötigen

Zahlen sind mit gröfster Genauigkeit in den Veröffentlichungen der statistischen Bureaus zu finden.[1])

Dies wäre die Vorarbeit. Hierauf erst ist zu untersuchen, inwiefern jene allgemeinen Züge der Bevölkerungsverteilung durch geographische Faktoren bedingt sind; es wird versucht, sie im einzelnen richtig zu stellen, und schliefslich wird auf Grund dieser Untersuchungen als freie Bearbeitung des unnatürlichen Mosaik- bildes ein möglichst organisches Bild der Bevölkerungsverteilung hergestellt.

Es wurde demgemäfs in folgender Weise verfahren: Zunächst wurde für das ganze Gebiet in das Skelett der Karte Unland und Wald eingetragen. Das Unland ist auf unseren topographischen Karten als solches zwar nicht angegeben; in Oberfranken kommt es aber bei dem gewählten Mafsstab (1 : 500000) überhaupt nicht zur Geltung — man könnte höchstens für die steilabfallenden Wände des Jura eine schmale Linie längs seinem Plateaurande ziehen —; im Bezirksamt Garmisch da- gegen kann man ohne grofsen Fehler annehmen, dafs die Hauptmasse des Unlandes mit dem oberhalb der Waldgrenze liegenden Terrain identisch ist; in Oldenburg endlich fällt es im wesentlichen mit den Mooren zusammen. Einfacher war es mit dem Wald: er ist in den topographischen Karten genau angegeben. Es waren also nur, dem Mafsstab entsprechend, hier kleine vereinzelte Parzellen wegzulassen, dort kleine, in Gruppen beisammenliegende Parzellen zusammenzufassen. Dies geschah nach dem Augenmafs. — Die Weide, auf den Landkarten ebenfalls nicht besonders bezeichnet, wurde für Oberfranken, wo sie ohnedies nur geringe Bedeutung hat, und für Oldenburg wohl ohne grofsen Fehler dem Kulturland gleichgerechnet; für das Bezirksamt Garmisch wurde angenommen, dafs sie im wesentlichen oberhalb des Kulturlandes liege, und dafs die Dichte, die ihr zukomme, von der des Waldes nur wenig abweiche. Es wurde also nicht für lohnend erachtet, sie hier graphisch auszuscheiden (wohl aber rechnerisch, s. u.).

Sodann wurden als weitere graphische Vorarbeit die Gemeindegrenzen eingetragen.

Danach war rechnerisch festzustellen, wieviel ackerbautreibende Einwohner innerhalb jeder Gemeinde auf Unland, Wald und Kulturland[2]) trafen. Dies konnte natürlich nur annähernd gelingen. Wieviel Arbeit thatsächlich jeder der drei Boden- sorten zufliefst, läfst sich nicht einmal für eine einzige Gemeinde feststellen, ge- schweige für ungefähr tausend wie in unserem Fall. Man kann nur behaupten, dafs die durchschnittliche Arbeitsmenge, die in verschiedenen Gegenden auf den Wald bezw. das Unland verwendet wird, in bedeutend geringeren Grenzen schwankt als die dem übrigen Boden zugewendete. Es empfahl sich daher, dem Walde bezw.

---

[1]) Für die vorliegenden Karten: LX. Heft der Beiträge zur Statistik des Königreichs Bayern (Ermittelung der landwirtschaftlichen Bodenbenützung i. J. 1893), und KOLLMANN P., Statistische Beschreibung der Gemeinden des Herzogtums Oldenburg. Oldenburg 1897.

[2]) Haus- und Hofräume, Wegeland und Gewässer u. s. w. habe ich stets ins Kulturland einbezogen, aufser bei den unmittelbaren Städten, wo das eigentliche Stadtareal, und beim Bezirks- amt Garmisch, wo Wegeland und Gewässer ausgeschieden wurden.

dem Unlande auf dem ganzen Gebiete ein- und dieselbe Ackerbauerdichte zuzu-
rechnen und die demnach in jeder Gemeinde auf sie treffende Bevölkerung vorwegzunehmen, auf das Kulturland aber die dann verbleibende Hauptmasse der
landwirtschaftlichen Bevölkerung zu verrechnen.

Für so verschiedenartige Gebiete, wie sie die von uns behandelten Länder
zeigen (Hochgebirg, Mittelgebirg und Tiefland), war dabei selbstverständlich mit
den gleichen Durchschnittswerten nicht durchzukommen. Das Unland kann wohl
in Garmisch und allenfalls auch in Oberfranken für gänzlich unbewohnt gelten,
das »Öd- und Unland« Oldenburgs aber, das meliorationsfähig ist und zum Teil
sogar Erträge abwirft[1]), mußte in Berechnung gezogen werden. Aus einem schätzungs-
weisen Durchschnitt seines Verkaufswertes im Vergleich mit dem Verkaufswert des
Kulturlandes in den einzelnen Gemeinden und aus der Thatsache, daß bei der
Moorbrandkultur das Grundstück nach einmaliger Bebauung 9 Jahre zu frischer
Benarbung liegen bleibt, wurde geschlossen, daß ihm bei gleicher Fläche nur der
zehnte Teil der Arbeit zugewendet werde wie dem benachbarten Kulturland. Das
zu verrechnende Kulturland einer oldenburgischen Gemeinde ergab sich also als
ihr wirkliches Kulturland, vermehrt um den zehnten Teil ihres Öd- und Unlandes.

Dem Walde suchte ich in anderer Weise gerecht zu werden. Die spärlichen
Angaben, die ich in der Literatur über die zu seiner Bewirtschaftung nötige Arbeits-
kraft fand, gehen sehr weit auseinander.[2]) Daher hielt ich mich lieber an ein
bestimmtes Vorkommnis. Bei der Berufszählung i. J. 1882 wurden im oberfränkischen
Bezirksamt Wunsiedel 766 forstwirtschaftliche Personen auf 19 366 ha, also 1 Person
auf 25 ha, gezählt. Die Forstarbeit, die die ackerbautreibende Bevölkerung mit-
verrichtete, konnte dabei nicht in Betracht gezogen werden. Es träfe also in der
Wunsiedler Gegend auf 25 ha mehr als die Leistung Einer Person; in anderen oberfränkischen Gegenden, wo die Waldwirtschaft weniger intensiv betrieben wird, wohl
weniger. So wurden die obigen Ziffern als Mittelwert betrachtet und der Wald in
Oberfranken und Oldenburg durchgängig mit der Dichte von 4 Köpfen pro Quadratkilometer angesetzt. Fürs Bezirksamt Garmisch mußte dieser Wert modifiziert werden.
Im allgemeinen wird dort die Arbeit im Wald um so geringfügiger werden, je mehr
seine Entfernung und Meereshöhe zunehmen, und eine Gemeinde wird in der
Regel um so mehr Wald umfassen, je mehr gebirgiges Terrain ihr zugehört. Es
wurden daher für die ersten 10 qkm Wald einer Gemeinde 40 Ackerbautreibende,
für die zweiten 10 qkm nur 30, für die dritten 20 u. s. w. vorweggenommen.

Die staatlichen Forstbezirke wurden stets schätzungsweise auf die angrenzen-
den Gemeinden verteilt.

---

[1]) Vgl. Kollmann, P., a. a. O., Tabelle 14.

[2]) Nach K. H. E. v. Berg, Staatsforstwirtschaftslehre, Leipzig 1850, S. 41 f. und S. 44,
rechnet Hundeshagen auf 500 Morgen Betriebsfläche Wald nur 1 Person, während im Kupfer-
hütter Revier der hannöverschen Harz-Forstinspektion Lauterberg auf 1 Person 127 Morgen (ohne
Nebennutzung), im Tharander Revier auf 1 Person 206 Morgen entfielen.

Was endlich die Weide betrifft, so wurde sie nur in Garmisch berücksichtigt und angenommen, es komme ihr hier der fünfte Teil der Arbeit zu wie gleich grofsem Kulturland.

Bezeichnet n die Anzahl der Ackerbautreibenden, die im Bezirksamt Garmisch nach obiger Annahme für den Wald einer Gemeinde vorwegzunehmen sind, a die Gesamtanzahl der Ackerbautreibenden, g das Gesamtareal der Gemeinde (in Quadratkilometern), k das Kulturland, u das Unland, w den Wald, h die Hutungen und Weiden, r das Wegeland und Gewässer, so ist $k = g — (w + h + r + u)$, die gesuchte Dichte $d = (a — n) : \left(k + \dfrac{h}{5}\right)$. Für Oberfranken ist $k = g — (w + u)$, $d = (a — 4w) : k$, für Oldenburg ebenfalls $k = g — (w + u)$, und $d = (a — 4w) : \left(k + \dfrac{u}{10}\right)$. Die Listen, die für Oldenburg und Garmisch vollständig beiliegen, geben hiefür Beispiele und Belege. Die oberfränkischen Listen wurden wegen ihres Umfanges weggelassen.

Eine Durchsicht aller Listen ergab, dafs das Dichtenmaximum 180 beträgt (Bamberg), und dafs die Dichte von 100 Ackerbautreibenden pro Quadratkilometer nur selten überschritten wird. Hiefür konnte man bei der bildlichen Darstellung erfreulicherweise mit den Nuancen einer einzigen Farbe auskommen. Unland wurde weifs gelassen (aufser in Oldenburg), Wald bekam die hellste Nuance, dann folgten Nuancen in gleichmäfsiger Abstufung für die Dichten von 10 zu 10 bis 100. Für letzteres wurde die dunkelste genommen, die Dichten über 100 aber wurden durch Einschreiben der Dichtenziffern in die dunkelste Nuance kenntlich gemacht.

Nach diesem Schema wurden die Gemeinden ganz mechanisch übermalt und dann die Gemeindegrenzen als störend gelöscht. So entstand die Vorarbeit, die man »objektive Karte« der Verteilung der ackerbautreibenden Bevölkerung nennen könnte.

Die freie Bearbeitung derselben wurde nur für Oberfranken zu geben versucht. Ein Vergleich mit der Vorarbeit zeigt, dafs nur sehr geringe Änderungen vorgenommen zu werden brauchten. Meist war dies nur am Rande des Jura nötig bei den Gemeinden, die mit dem einen Teil ihres Kulturlandes im dicht besiedelten Thale, mit dem andern auf dem ziemlich menschenleeren Plateau liegen. Hier wurde also die orographische Scheide herausgearbeitet. Aus rein geologischen Gründen wurde nur weniges geändert (zumeist in der Nähe der Waldsteinkette), etwas mehr aus Gründen allgemeiner Natur, indem es angezeigt schien, die ackerbautreibende Bevölkerung, die sich in der Nähe mancher gröfserer Städte zusammendrängt, dort gleichmäfsiger, als den Grenzen der Gemeinde entsprechen würde, zu verteilen.

Werfen wir nun einen kurzen Blick auf das Bild, welches uns die so erzeugten Karten zeigen!

Vor allem springt in die Augen, dafs in den drei dargestellten Gebieten die Verteilung der ackerbautreibenden Bevölkerung so verschieden ist wie die Gebiete selbst.

In der Hochgebirgsgegend hält dichtere Bevölkerung im Wesentlichen nur die Thäler besetzt; in diesen scheint sie sich gerne an Verengungen und Auszipfelungen zusammen zu drängen.

Im Tiefland dagegen verteilen sich die Ackerbautreibenden viel gleichmäfsiger über die Fläche, aufser wo sie durch Moore unterbrochen ist. Und hier in Oldenburg ist die dichtere landwirtschaftliche Bevölkerung nicht auf dem besseren Boden, den Marschen, ansässig, sondern die minderwertige Geest weist in zahlreichen Strichen höhere Dichtenziffern auf als jene und würde selbst unter gleichwertiger Einrechnung der ausgedehnten Unlandstrecken die Dichte der Marschen nahezu erreichen.[1])

Für das Oberfranken umfassende Mittelgebirg läfst sich die Verteilung der ackerbautreibenden Bevölkerung wie folgt charakterisieren. Ein zusammenhängender Streifen dichter Bevölkerung (bis 100 und darüber pro qkm) bedeckt die Thäler des Mains und der Regnitz und reicht auf der Innenseite ihres Bogens bis an die Abhänge des Jura; auf der Aufsenseite aber, gegen die Keuperhöhen nördlich des Mains, nimmt die Dichte rasch ab, und auch in den Thälern des Steigerwaldes, an deren Ausgang Dichten von über 50 noch häufig vorkommen, sinkt die Dichte bis 30 und darunter. Das arme, steinige Juraplateau, die rauhe Münchberger Gneifsplatte, der stark vertorfte Boden des Fichtelgebirgskessels sind entsprechend ihrer Höhenlage nur schwach bebaut (Dichten von 30—40), wogegen der tiefer gelegene Streifen zwischen dem Jura einerseits und dem Fichtelgebirg und der Münchberger Platte andererseits etwa 50 Ackerbautreibende auf dem Quadratkilometer besitzt. Höhere Bergzüge und steile Hänge deckt in der Regel der Wald. Das Hufeisen des Fichtelgebirges, der Steilrand des Jura, die Bergrücken zwischen den Steigerwaldthälern schimmern daher hell aus der Karte heraus. Ausnahmen von dieser Regel zeigt der Frankenwald. Seine Thäler sind für ergiebigen Ackerbau zu eng und zu steilwandig. Hier reicht der Wald bis zur schmalen Thalsohle herunter, der Ackerbau aber hat auf dem mäfsig gewölbten Rücken der Berge, zwischen denen sich die Frankenwaldbäche eingerissen haben, in grofsen Waldblöfsen eine günstige Stätte gefunden.

Das Maximum der Dichte hat, wie erwähnt, Bamberg aufzuweisen mit 180. Es mufs hervorgehoben werden, dafs der Boden, auf dem diese hohe Ziffer erreicht wird, ursprünglich geringwertig ist. Es ist ein mooriger Sandboden, derselbe, auf dem die übrigens recht stattlichen Nadelholzwälder des Hauptmoors (östlich von Bamberg) stehen, und nur dem unermüdlichen Fleifse der Bamberger Gärtner ist sein reicher Ertrag zu verdanken. Auch in der Forchheimer Gegend, wo wir Dichten bis 100 und darüber finden, wird starker Gemüse- und Obstbau getrieben (»Knoblauchsland«). Mit der Gunst des Bodens in Einklang steht die Dichte der Gemeinden auf dem Vorlande, welches sich um das Juraplateau herumzieht. Es ist vom Lias und zum Teil von mergeligen Gesteinen des Doggers eingenommen, und sein mergeliger Boden gehört zu den fruchtbarsten und ergiebigsten des Gebietes. Auch

[1]) Siehe den Schlufs der Liste.

der berühmte Mistelgau bei Bayreuth verdankt seinen Reichtum und seine hohe Bevölkerungsdichte der beträchtlichen Ausbreitung des aus zersetztem Liasgestein entstandenen Mergelbodens[1]).

Die hohen Dichten der Umgebung mehrerer Städte, wie Bamberg, Bayreuth, Hof, Kulmbach, scheinen damit zusammenzuhängen, dafs der Landwirt und Gärtner dort leicht Absatz für seine Produkte und Dünger für seinen Boden findet.

Im Gegensatz dazu ergaben sich für die Umgebung anderer ebenfalls gröfserer Orte, besonders in der Lichtenfelser Gegend und auf der Münchberger Platte, wo starke Hausindustrie herrscht, aufserordentlich niedrige Ziffern. Dies scheint seine Ursachen in der statistischen Zählungsmethode zu haben. Offenbar betreiben zahlreiche Hausindustrielle den Ackerbau im Nebenberuf und haben ihn bei der Zählung auch als solchen angegeben. Bei der Scheidung nach Berufsarten kann aber nur nach dem Hauptberuf gerechnet werden, und so kam das Moment des Ackerbaus hier weniger zur Geltung.

Am Hauptstock des Fichtelgebirges und im Frankenwald liegen mehrere ganz oder fast ganz von Wald umschlossene Gemeinden, deren Dichten unverhältnismäfsig hohe Ziffern erreichen. Es ist nicht unwahrscheinlich, dafs hier die Verhältnisse umgekehrt liegen als wie im vorigen Fall, indem auch hier der Ackerbau neben einem industriellen, wohl meist nahständigen Beruf betrieben, aber bei der Zählung als Hauptberuf genannt wurde. Es ist aber auch möglich, dafs hier die Dichte für den Wald mit 4 zu niedrig gegriffen ist. Die wahre Ursache liefs sich bei diesen ersten Versuchen nicht ermitteln.

Die nichtackerbautreibende Bevölkerung.

Die nichtackerbautreibende Bevölkerung — und das sind von den 573000 Seelen, die Oberfranken i. J. 1890 zählte, 342000 oder 60% — war nicht relativ, sondern absolut, nicht gemeindeweise, sondern ortschaftenweise darzustellen.

Oberfranken weist aber gegen 3500 Siedelungen auf, und die Nichtackerbautreibenden fehlen darin nur ausnahmsweise. Es war daher von vornherein unthunlich, sämtliche Ortschaften einzutragen.

Nun wohnen von den 342000 Nichtackerbautreibenden:

83 274	oder 24 %	in Ansammlungen von	über 5000	in	5	Ortschaften
36 653	» 11 % »	»	» 2—5000	»	11	»
34 556	» 10 % »	»	» 1—2000	»	26	»
40 523	» 12 % »	»	» 500—1000	»	57	»
117 006	» 34 % »	»	» 50— 500	»	700	» (circa)
30 000	» 9 % »	»	» unter 50	» 2650	»	»

---

[1]) Vgl. GÜMBEL, C. W. v., Kurze Erläuterung zu dem Blatte Bamberg (Nr. XIII) der geographischen Karte des Königreichs Bayern, 1887, S. 46.

Letztere 2650 Ortschaften konnten, da sie nur 9 % der gesamten nicht-ackerbautreibenden Bevölkerung ausmachen, und da es sich nicht um eine Siedelungs-, sondern um eine Volksverteilungskarte handelte, weggelassen werden, ohne dafs ein wesentlicher Fehler zu besorgen war. Sie sind zwar sehr ungleich verteilt, indem z. B. im Amtsgericht Pottenstein, wo sie das Anteilsmaximum erreichen, die unter 50 bleibenden Ansammlungen 30 % der Nichtackerbautreibenden ausmachen, im Amtsgericht Lichtenfels aber das Minimum mit nur 3 %. Aber die niedrigen Prozent-ziffern ergeben sich gerade für solche Amtsgerichte, in denen die industrielle Thätig-keit überwiegt, während hohe Prozentziffern für industriearme Amtsgerichte auf-treten.[1] Durch die Weglassung der 2650 Siedelungen wird daher der Gegensatz zwischen industriellen und landwirtschaftlichen Gebieten verschärft, und das konnte bei einem Kartenmafsstab von 1 : 500 000 bezw. 1 : 1 000 000 nur erwünscht sein.

Auch die Ansammlungen zwischen 50 und 100 hätten ohne grofsen statisti-schen Fehler vernachlässigt werden können. Sie wurden aber beibehalten, damit die geographische Verbreitung der Hausindustrien (Weberei und Korbmacherei), die für Oberfranken charakteristisch sind, besser hervortritt, und damit es besser zur Geltung kommt, wenn die Industrie eines Ortes auf benachbarte Dörfer übergreift.

Es verblieben also immerhin noch 8—900 Ortschaften, deren nichtackerbau-treibende Bevölkerung nach einer möglichst plastischen Skala einzutragen war.

Die Stufen dieser Skala mufsten, da die Agglomerationen der Nicht-ackerbautreibenden um so seltener sind, je gröfser sie sind, nach unten zu immer niedriger angenommen werden. Es wurde also angesetzt 10—20, 20—50, 50—100, 100—200, 200—500, 500—1000, 1000—2000, 2000—5000 u. s. w. Natürlich darf, wenn die einzelnen Stufen bei graphischer Darstellung leicht von einander unter-scheidbar sein sollen, nur eine beschränkte Reihe davon benutzt werden. Zu diesem Zweck nahm .ich die unterste und auch die oberste Stufe der Skala um so höher an, je kleiner der Mafsstab der Karte war. Die Ortschaften aber, deren Nicht-ackerbaueranzahl die höchste Stufe überstieg, machte ich unter Benutzung der Signatur dieser höchsten Stufe durch Beischreibung jener Anzahl kenntlich. So wurde auch die Ungenauigkeit der Darstellung, die um so gröfser wird, je höher die Skala steigt, wieder herabgemindert.

Sollten die der Skaleneinteilung entsprechenden Signaturen plastisch wirken, so konnten Punkte, Kreise oder blofse Umrifslinien an der Stelle der Ortschaften nicht genügen. Selbst wenn man sie der Gröfse nach thunlichst weit auseinander gehen läfst, bieten sie dem Auge zu geringe Mafsunterschiede dar, und die grofsen

---

[1] Lichtenfels 3, Forchheim 4, Kronach 5, Ludwigstadt, Bamberg II, 2. Teil, und Wun-siedel 6, Kulmbach, Münchberg und Nordhalben 7, Thiersheim und Hof 8, Bamberg II, 1. Teil, und Selb 9, Herzogenaurach und Naila 10, Rehau und Kirchenlamitz 11, Berneck 12, Höchstadt a. A. und Stadtsteinach 14, Weismain und Staffelstein 16, Schefslitz 17, Hollfeld 18, Pegnitz und Burgebrach 19, Sefslach 20, Bayreuth Land 22, Gräfenberg und Thurnau 23, Ebermannstadt 24, Weidenberg 27, Pottenstein 30.

Agglomerationen würden gegenüber den kleinen stets weniger hervortreten, als ihnen gebührt.

Es wurden daher die Umrifslinien der Ortschaften mit einer Art Schraffierung kombiniert.[1]) Dadurch wurde erstens die Skala körperlicher, und zweitens konnte sowohl die Umrifslinie, als auch die Schraffierung zur Darstellung der Skalenstufen herangezogen werden. Form und Gröfse der Umrifslinie und der Schraffierung ist dabei irrelevant; die Anzahl der Nichtackerbautreibenden eines Ortes erkennt man lediglich an der Stärke des Umrisses im Verein mit der Intensität der Schraffierung. Die Umrifslinien der Ortschaften konnten also beibehalten werden, und alle konventionellen Signaturen waren vermieden.

Innerhalb der Ortsumrisse war kein Raum für die Schraffierung, so wurde sie aufserhalb angebracht, aber nicht willkürlich, sondern auf dem Terrain, das man noch als zum Bereich des Ortes gehörig betrachten kann. Dieser »Ortsbereich« greift in der Regel weit über die letzten Häuser hinaus, hat aber mit dem »Weichbild« oder irgendwelcher administrativer Gebietseinteilung nichts zu schaffen, wie sich denn auch eine feste und sichere Grenze für ihn nicht aufstellen läfst. Er reicht so weit wie der regelmäfsige Tagesverkehr der Nichtackerbauer und begreift aufserdem alles bei einem Orte liegende Terrain in sich, das einen über den blofsen landwirtschaftlichen Wert hinausgehenden Preis besitzt — und wäre dies auch blofser Spekulationswert.

Stellen wir uns vor, wir gingen im dichten Nebel querfeldein an einer gröfseren Ortschaft vorüber, ohne sie zu sehen oder zu hören, so würden wir sie doch inne werden, vor allem an der gröfseren Menge der Fahrstrafsen und Fufswege, die wir passieren; an ihrem Zustand, der auf stärkere Benützung deutet; wir würden ihren Bereich merken, wenn wir im Vorwärtsschreiten ständig die Bodenpreise erfahren könnten; wir hätten schliefslich noch die wachsende Wahrscheinlichkeit, Leuten zu begegnen, die im Ort verkehren.

Je enger also bei einem Orte das Maschennetz von Strafsen und Wegen wird, je deutlicher sich die Wachstumstendenz eines Ortes nach bestimmten Richtungen hin ausspricht (nach benachbarten Verkehrspunkten, Bahnhöfen, Vor- oder Nebenorten), mit um so gröfserer Sicherheit konnte aus der topographischen Karte die Ausdehnung des Ortsbereiches angezeigt werden. Ein anderes Hilfsmittel gaben für zahlreiche gröfsere Orte die statistischen Listen an die Hand, insofern als sie ersehen lassen, ob die nichtackerbautreibende Bevölkerung der benachbarten kleineren Orte (Vororte) einen höheren Prozentanteil von der Gesamtortsbevölkerung ausmachte als gewöhnlich. War dies der Fall, und war anzunehmen, dafs sie wenigstens zum Teil Beschäftigung im Hauptorte fand, so konnte der Ortsbereich des letzteren mit Sicherheit bis über den Vorort hinaus ausgedehnt werden. Der Hauptort erscheint dann mit seinen Vororten als Eine zusammengehörige Siedelungsgruppe, was er auch in der That ist.

---

[1]) Siehe die Karten.

Im übrigen galt selbstverständlich der Grundsatz: Administrativ getrennte, aber topographisch zusammengehörige, weil einander berührende Orte werden auch nur als Ein Ort dargestellt, und umgekehrt würde eine aus getrennten Siedelungen bestehende Ortschaft auch getrennt wiederzugeben sein.

Nach diesen Prinzipien wurde die nichtackerbautreibende Bevölkerung in die 1 : 500000 Karte von Oberfranken bezw. Garmisch — für Oldenburg fehlten die Daten — eingetragen. Das Bild, das so entstand, wurde dann für die 1 : 1000000 Karte frei bearbeitet. Zu diesem Zweck wurden die Umrisse der Orte mit weniger als 200 Nichtackerbautreibenden, als bei diesem kleinen Maßstab nicht mehr kenntlich, weggelassen, nicht aber ihre Schraffierung. Letztere bot gerade das Mittel, das allgemeine Bild der Volksverteilung übersichtlich herauszuarbeiten und die räumlich getrennten, aber durch rege Arbeits- und Verkehrs-Beziehungen zusammengehörigen Bewohner benachbarter Ortschaften auch bildlich zusammenzuhalten. Sie wurde daher über den eigentlichen Ortsbereich hinaus ausgedehnt, und entsprechenderweise wurden auch die Ortsumrisse größer angegeben, als dem Maßstab entsprochen hätte. Dabei engherzig zu verfahren, war um so weniger geboten, als auch auf den Übersichts-Landkarten die Breite der Flüsse und Straßen und die Größe der Ortschaften die richtigen Dimensionen weit überschreitet.

Aus der Masse der nichtackerbautreibenden Bevölkerung ragt durch besondere geographische Bedeutung die handel- und verkehrtreibende oder ortständige hervor. Die Orte, an denen sie einen größeren Bruchteil der Nichtackerbautreibenden ausmacht, waren demgemäß besonders hervorzuheben, und hiezu bot sich der leere Raum innerhalb der Ortsumrisse von selbst dar, indem es ein Leichtes war, ihn je nach dem Prozentsatz, den die handeltreibende Bevölkerung von der nichtackerbautreibenden ausmacht, mit verschiedenen Tönen einer möglichst herausleuchtenden Farbe anzulegen. Ansammlungen von Handeltreibenden, die die Zahl 50 nicht erreichten, wurden außer Betracht gelassen; im übrigen wurde von der Annahme ausgegangen, daß die durchschnittliche Beimengung des handeltreibenden Elements in der nichtackerbautreibenden Bevölkerung dann überschritten werde, wenn es den zehnten Teil, daß sie aber schon sehr beträchtlich sei, wenn es den fünften Teil derselben erreiche. Es ergaben sich also die drei Stufen: unter 10%, 10—20% und über 20% der nichtackerbautreibenden Bevölkerung. Im übrigen hängt es auch hier vom Maßstab der Karte ab, wie viel Stufen zur Darstellung gelangen können.[1]

Schließlich wurden noch diejenigen Gewerbe, denen sich ein größerer Teil der Bevölkerung zugewandt hat, an der Stelle ihres Vorkommens in der Karte angemerkt. —

Versuchen wir auch hier die hauptsächlichsten Erscheinungen, welche die so gewonnene Karte erkennen läßt, kurz darzulegen!

---

[1] Vgl. die demographische Spezialkarte der Lichtenfelser Gegend.

Entgegen der Verteilung der Ackerbautreibenden kommen für die der Nicht-ackerbautreibenden Klima, Boden und Höhenlage erst in zweiter Linie; Haupt-momente dagegen sind geographische Lage, Verkehrsmöglichkeiten und geologische Verhältnisse.

Wie der Verkehr folgt auch die nichtackerbautreibende Bevölkerung gern den Thälern. Gröfsere Agglomerationen liegen an Stellen, deren Lage durch die Natur allein oder durch Zusammenwirken von Natur und Kunst begünstigt ist, so Bamberg, Forchheim, Kronach an der Vereinigung mehrerer Thäler, und Bayreuth, Hof, Lichtenfels an Kreuzungspunkten von Thälern mit Strafsen. Die Begünstigung erstreckt sich meist nicht blofs auf den beschränkten Raum einer einzigen Siedelung, sondern sie entwickelt in der Nähe gröfserer Orte, wie Bamberg, Bayreuth, Hof, zahlreiche kleinere, die zum »System« des gröfseren gehören wie Trabanten zu ihrem Planeten, oder sie umfafst ganze Thalstrecken wie Lichtenfels—Kronach oder Schwarzenbach—Hof und läfst darin eine dichte Reihe von industriellen Ortschaften erwachsen. Die bedeutenderen Orte liegen dabei gerne an den Enden der Strecke.

Dem abgelegenen Juraplateau fehlt die nichtackerbautreibende Bevölkerung fast ganz, auf der klimatisch ebenfalls wenig begünstigten, dem Nah- und Fern-verkehr aber gut aufgeschlossenen Münchberger Platte dagegen ist sie in Haus-industrien (vorwiegend Weberei) zahlreich vertreten. Die Verteilung der Konzen-trationspunkte über die Platte ist ziemlich gleichmäfsig.

Geologische Verhältnisse kommen zu deutlicher Wirkung im Fichtelgebirge und im Frankenwald. Die Gewinnung und Verarbeitung von Porzellanerde, Steinen, Glasmaterialien, Tafel- und Griffelschiefer, Steinkohlen, giebt zahlreichen Leuten Beschäftigung.

Für die Orte mit besonders günstiger Verkehrslage mufs selbstverständlich eine bedeutende ortständige Bevölkerung erwartet werden. Dies trifft auch zu. Bamberg, Hof, Lichtenfels, Kronach zeigen über 20, Bayreuth, Forchheim über 10% Handel- und Verkehrtreibende. Einen hohen Prozentsatz von Ortständigen zeigen regelmäfsig auch die kleineren Eisenbahnkreuzungspunkte, so Hochstadt-Marktzeuln, Neuenmarkt, Oberkotzau, Kirchenlaibach. Vorwiegend dem Verkehr endlich gehört auch die ortständige Bevölkerung vieler kleinerer Siedelungen in der Kronacher Gegend an: es sind Flöfser.

Demographische Spezialkarten.

Spezialforschung bedarf der Spezialkarten beim Studium der Volksverteilung mindestens ebenso notwendig wie bei dem des Terrains.

In unserem Falle werden dicht besiedelte Industriegebiete, noch gebie-terischer aber die Grofsstädte eine genaue, ins einzelne gehende Darstellung ihrer Volksverteilung verlangen. Die Lichtenfelser Gegend — in Ermangelung einer geeigneteren — und der 9. Münchner Stadtbezirk sollten einem Versuche nach diesen beiden Richtungen dienen.

a) Die Lichtenfelser Gegend.

Die nichtackerbautreibende Bevölkerung der Lichtenfelser Gegend wurde in ganz ähnlicher Weise gegeben wie in der 1 : 500 000 Karte von Oberfranken, nur wurde der Ortsbereich in grauem Ton angelegt, da dieser die Terrainzeichnung weniger deckt, und die Skalen wurden modifiziert.[1])

Lichtenfels als industrieller und kommerzieller Hauptort mit seinen Vor- und Nebenorten, die ununterbrochene Reihe von gewerbreichen Siedelungen, die sich bis Kronach und Burgkundstadt hinaufzieht, die Verkehrsbedeutung von Hochstadt, das Eindringen industrieller Thätigkeit in die Jurathäler und der Mangel daran auf dem Juraplateau — all dies kommt auf der Spezialkarte auch im einzelnen zur Erscheinung.

Die ackerbautreibende Bevölkerung wurde ihrer Dichte nach in gleicher Weise berechnet, aber in anderer Weise dargestellt als für die Hauptkarte. Das Bestreben war nichts geringeres als den Satz: »Für jeden Kopf einen Punkt!« thatsächlich durchzuführen. Die Punkte wurden dabei quadratisch gesetzt (d. h. ihre Verbindungslinien schließen Quadrate ein), und die Dichtenstufen wurden nicht von 10 zu 10, sondern von Quadratzahl zu Quadratzahl (4, 9, 16, 25, ...) angenommen.

Diese Punktmanier hat einen nicht unbedeutenden Nachteil, aber auch ein paar Vorzüge. Der Nachteil liegt darin, daß das Auge die Distanz der Punkte bei den verschiedenen Dichtenstufen nur schwer zu unterscheiden vermag. Ob zum Beispiel auf 1 km 7 Punkte oder ob 8 Punkte angegeben sind, das ist trotz dem nicht eben kleinen Maßstab von 1 : 200 000 mit freiem Auge kaum mehr zu erkennen, auch der Nuancenunterschied, der eine Fläche mit der 7er-Punktierung von der 8er-Punktierung abheben sollte, ist zu gering, während der Dichtenunterschied zwischen 49 und 64 schon beträchtlich genannt werden muß.

Dieser Nachteil schwindet aber um so mehr, je mehr der Maßstab der Karte wächst, und ihm steht der nicht zu unterschätzende Vorteil gegenüber, daß die Punktierung auch das Terrain einzuzeichnen erlaubt (am besten wohl in Isohypsen). Ferner wäre die Punktierung nicht eine bloß relative, sondern zugleich eine absolute Darstellung der nichtackerbautreibenden Bevölkerung, und man könnte, ohne weitere Skalenangabe, mit dem Zirkel direkt aus der Karte selbst die Dichte einer Gegend entnehmen, indem man bestimmt, wie viel Punkte dort auf den Kilometer treffen, und ihre Zahl quadriert.

b) Der 9. Bezirk der Stadt München.

Die gleichen Anforderungen wie an die Volkskarte eines ganzen Landes, daß sie nämlich nicht nur die Verteilung, sondern auch die Berufsgliederung der Bevölkerung zeige, stellen wir auch an die demographischen Spezialkarten einzelner

---

[1]) Das Prinzip, alle Ortschaften durch ihre Umrisse statt durch conventionelle Signaturen zu geben, ist für diese Karte, die älteren Datums ist, noch nicht angewendet.

Städte. Das Bild einer Handelsstadt soll sich von dem einer Fabrikstadt, dieses von dem einer Residenzstadt wesentlich unterscheiden, und innerhalb jeder Stadt müssen die Charakterunterschiede der einzelnen Stadtteile zu erkennen sein. Handelszentren und Mittelpunkte geistigen Lebens, Arbeiterviertel und Villenvorstädte müssen, wenn sie sich als solche zu gröfserer Bedeutung entwickelt haben, auch in der Karte in verschiedener Weise hervortreten, und man mufs aus dem Kartenbild nicht blofs diejenigen Strafsenzüge und Stadtviertel angeben können, welche für bestimmte Berufsabteilungen prädestiniert scheinen, sondern die, in welchen diese Berufsabteilungen in der That vorwiegend vorhanden sind.

Die Gliederung der Bevölkerung wird von der für die Übersichts-Volkskarten benützten einigermafsen abweichen müssen. Zwar die ortständige oder handel- und verkehrtreibende Bevölkerung bildet auch hier eine gut abgegrenzte Gruppe. Aber die bodenständige verschwindet fast gänzlich unter der städtischen Bevölkerung — die Ackerbautreibenden machen in München nicht einmal 2% der Gesamtbevölkerung aus —, so dafs es sich nicht lohnt, sie als eigene Gruppe aufrecht zu erhalten. Nahständige Betriebe hingegen gäbe es in manchen Grofsstädten nicht wenige. In München z. B. ist die Zahl derjenigen, die an der Isar und an dem halben Dutzend rechts und links von ihr durch die Stadt fliefsender »Isarbäche« sitzen und sich ihr Wasser oder seine Kraft zu Nutze machen, nicht zu unterschätzen, und nicht minder beträchtlich und geographisch gut begrenzt sind die Ziegeleien auf dem Lehm der östlichen Vorstädte. Statistische Daten dafür sind aber nicht zu haben. Wir lassen daher dieses Moment abermals aus dem Spiel und zerlegen die nichthandeltreibende Stadtbevölkerung nach anderen Momenten lediglich in 3 Hauptgruppen: 1. solche mit vorwiegend körperlicher Berufsarbeit, 2. solche mit vorwiegend geistiger Berufsarbeit, und 3. Berufslose. Im ganzen erhalten wir also 4 Hauptgruppen, und wenn wir uns dadurch nicht stören lassen, dafs die Statistik die Studierenden, Seminaristen, Schüler u. s. w., sofern sie nicht als Angehörige bei anderen Berufen gezählt werden, als »in Vorbereitung begriffene« in der Abteilung der Berufslosen unterbringt, so ergibt sich folgende Parallele mit der statistischen Einteilung.

1. Ortständige = Berufsabteilung C (Handel und Verkehr).
2. Berufe mit vorwiegend körperlicher Arbeit = Berufsabteilung B incl. D und A (Gewerbe incl. unständige Lohnarbeit und häuslicher Dienst, sowie Landwirtschaft).
3. Berufe mit vorwiegend geistiger Arbeit = Berufsabteilung E (Öffentlicher Dienst und freie Berufsarten).[1]
4. Berufslose = Berufsabteilung F (Ohne Beruf und Berufsangabe).

---

[1] Beim Forst- und Jagdwesen, beim Bergbau, Hütten- und Salinenwesen, beim Hoch-, Weg- und Wasserbau, beim Post-, Telegraphen- und Eisenbahnwesen, sowie bei anderen Gewerben angestellte Beamte werden in der Statistik diesen Gewerben zugezählt.

Die Statistik zählt die Bevölkerung in ihren Wohnuugen. Wir sind daher genötigt, sie auch an der Stelle der Wohnungen anzugeben, und setzen sie dabei zur Gröfse der bewohnten Fläche in Beziehung. Die Darstellung wird also wieder relativ und ergibt, genau gesagt, eine Wohndichtenkarte, die der Verteilung der Bevölkerung nur bei Nacht entspräche.

Zu überlegen war noch, was als »bewohnte Fläche« zu gelten habe. Sollten nur die eigentlichen Wohnräume, oder die Grundstücke, soweit sie überbaut sind, oder die Grundstücke einschliefslich der Hofräume, Vorgärten und Hausgärten dafür angesehen werden? Oder sollte man wenigstens die Vorgärten ausschliefsen? Oder sollte man im Gegenteil nicht auch den zum Grundstück gehörigen Strafsenanteil mit einrechnen?

Den Ausschlag bei der Entscheidung über diese Fragen gaben Gründe vorwiegend praktischer Natur. Das Areal der Gärten und Hofräume war mit Sicherheit kaum zu erlangen, der Gesamtflächeninhalt jedes Anwesens dagegen konnte auf dem Rentamt leicht erfahren werden. Es wurde daher mit diesem gerechnet und das Areal der Strafsen, Plätze und öffentlichen Anlagen ganz aufser Betracht gelassen.

Der Gang der Berechnung und Darstellung war dann folgender. Es standen an Daten zu Gebote: 1. der Flächeninhalt jedes einzelnen Grundstücks, 2. die Anzahl der zugehörigen Bewohner, gegliedert nach den oben genannten 4 Berufsabteilungen. Die Grundstücke wurden zunächst zu Gruppen oder Distrikten zusammengefafst, indem topographisch Zusammengehöriges thunlichst vereinigt wurde. In der Regel wurde dabei von Strafsenkreuzung zu Strafsenkreuzung gerechnet (vgl. die Karte in 1:5000). Darauf wurde für jede Häusergruppe die Anzahl der Bewohner festgestellt, ebenfalls nach den 4 Abteilungen gegliedert, und jede der 4 Zahlen mit der Anzahl der Ar dividiert, die die Häusergruppe umfafst. So ergab sich die Dichte einer jeden der 4 Abteilungen und ihre Summe war die Gesamtwohndichte der Häusergruppe.

Zur Verbildlichung der Dichtenverhältnisse wurde jede Berufsabteilung für sich durch Schraffierung dargestellt, und jede Schraffierung wurde nach einer anderen der vier Hauptrichtungen gelegt. Auf diese Weise lassen sich die Dichtenverhältnisse einer jeden Berufsabteilung über das ganze Stadtgebiet hin an der ihr zugeteilten Schraffierung erkennen, die viererlei Schraffierungen zusammen aber geben ein Bild der Verteilung der Gesamtbevölkerung.

Diesen Grundsätzen gemäfs wurde die Karte des 9. Münchener Stadtbezirks zunächst in 1:5000 nach den Zahlen der beiliegenden Liste objektiv und mechanisch durchschraffiert und dann auf Grund dieser Vorstudie in 1:20000 frei bearbeitet. Die Bearbeitung beschränkt sich im wesentlichen darauf, dafs die Begrenzung der Häusergruppen weggelassen, verschiedene Eckhäuser, deren Wohndichte die der ursprünglich zu ihr gehörenden Gruppe bedeutend überstieg, der anstofsenden dichteren Gruppe angeschlossen, und die Unterschiede zwischen hell und dunkel verstärkt wurden.

Zu dem auf diese Weise entstandenen Bild ist folgendes zu bemerken. Der 9. Stadtbezirk ist von der inneren Stadt durch den Karlsplatz und die Sonnenstrafse getrennt und liegt zwischen dieser Grenze und der Theresienwiese einerseits und der nördlich vom Zentralbahnhof vorbeiziehenden Arnulfstrafse und der Lindwurmstrafse andererseits. Man kann ihn in eine nördliche und in eine südliche Hälfte zerlegen, deren ungefähre Grenze die Findlingstrafse bildet. Die Nordhälfte ist in ihrer Anlage älter und besteht aus dem Zentralbahnhof und einer Anzahl von sich rechtwinklig kreuzenden Strafsen, die entweder ostwestlich (Bayer-, Schwanthaler-, Landwehrstrafse u. a.) oder nordsüdlich verlaufen (Schiller-, Goethe-, Heustrafse, dazwischen die kurzen Verbindungsstrafsen Senefelder- und Mittererstrafse, weiter westlich die Klee- und Rennbahnstrafse u. a.). Die Südhälfte, im wesentlichen die Findlingstrafse und das südlich davon liegende Terrain umfassend, ist moderner, in ihrer Anlage freier, und zerfällt in einen westlichen und einen östlichen Teil, deren Grenzlinie etwa längs der Goethestrafse verläuft. Der westliche, an der Theresienwiese liegende Teil ist ein ruhiges, vornehmes Villenviertel, der östliche ist ein Stadtviertel besonderer Art und enthält das städtische Krankenhaus, das pathologische und das physiologische Institut, das Waisenhaus, das Elisabethenspital, das städtische Pensionat und andere städtische Gebäude.

Wie sich die Nord- und Südhälfte des Bezirks in ihrer Anlage und in ihrer Lage zum Bahnhof und zum Stadtzentrum unterscheiden, so unterscheiden sie sich auch in der Dichte und Zusammensetzung ihrer Bevölkerung.

Betrachten wir zunächst die Südhälfte! Sie ist im allgemeinen dünn bewohnt, nur gegen die lebhafte Lindwurmstrafse hin nimmt ihre Dichte bis 3,7 pro Ar zu. Ihre beiden Teile unterscheiden sich wenig in der Gesamtdichte, merklich aber in der Zusammensetzung ihrer Bevölkerung. Westlich der Goethestrafse sind am stärksten die Gewerbtreibenden,[1] nächst ihnen die Handel- und Verkehrtreibenden vertreten, östlich der Goethestrafse aber machen sich statt ihrer die in öffentlichem Dienst oder in freien Berufen stehenden, noch mehr die Berufslosen geltend, wie es der hohen Anzahl der Insassen des städtischen Pensionats und des Waisenhauses entspricht.

Die gröfsere Masse der Bevölkerung des Bezirks bewohnt dagegen seine Nordhälfte, und hier sind besonders dicht die Strafsen in der Nähe des Bahnhofes besetzt, also die Bayerstrafse, deren Dichte am Bahnhofgebäude 7,4, weiter westlich 6,3 beträgt, und die quer zu ihr verlaufenden Strafsenstrecken. In einer der letzteren wird das Dichtenmaximum des Bezirks, 11,2, erreicht und zwar nicht in einer der durchgehenden Strafsen, obwohl auch diese eine hohe Dichte besitzen (Schillerstrafse 7,9, Goethestrafse 6,4), sondern in der Senefelderstrafse, einer kurzen Querstrafse zwischen Bayer- und Schwanthalerstrafse. Auch die Dichte der nächsten

---

[1] Unständige Lohnarbeit und Landwirtschaft stets inbegriffen.

2*

kurzen Querstrafse, der Mittererstrafse, 8,5, übertrifft die der einem starken Durch-
gangsverkehr dienenden Schiller- und Goethestrafse.

Die innere Bayerstrafse, die vom Zentralbahnhof auf das Stadtzentrum zu
führt, zeigt diesen hohen Ziffern gegenüber nur eine Dichte von 3,4. Sie gehört
aber zur lebhaftesten Geschäfts- und Verkehrsgegend der Stadt, und ihre geringe
Dichte entspricht der bekannten Thatsache, dafs sich in den Grofsstädten die Häuser
der eigentlichen Geschäftszentren vorteilhafter für geschäftliche Zwecke, als für
Wohnräume ausnützen lassen. Die unmittelbar südlich von der inneren Bayerstrafse
im toten Winkel des Verkehrs liegende Gegend der Zweig-, Schlosser- und Schommer-
strafse erreicht wieder eine Dichte von 8,1.

Trotz günstigerer Lage verhältnismäfsig dünn bewohnt sind Schwanthaler-
und Heustrafse. Es sind dies mit Vorgärten versehene, bessere Strafsen, zum
Teil mit offenem Bausystem. Stärker besetzt ist dann wieder die Landwehrstrafse,
und besonders drängt sich hier die Bevölkerung zusammen an dem Kreuz, das sie
mit der Goethestrafse bildet. In den dort zusammenlaufenden vier Strafsenstrecken
finden sich die Dichten 6,5 und 7,0, 8,3 und 7,6. Eine auffällig hohe Dichte zeigt
endlich die peripherisch gelegene St. Paulstrafse mit 10,5. Dies mag davon her-
rühren, dafs sich in ihr der Vorteil ruhigen Wohnens mit dem der Bahnhofnähe
vereint; wenigstens gehört die Hälfte der Bewohnerschaft der Berufsabteilung C
(Handel und Verkehr) an.

Im allgemeinen aber gilt, wie man erwarten mufste, die Regel, dafs die
Gesamtdichte von der inneren Stadt und vom Bahnhofgebäude nach aufsen hin
abnimmt. Wir finden beispielsweise, von innen nach aufsen zu fortschreitend,
folgende Dichten:

Bayerstrafse . . .	3,4	7,4	6,3
Schwanthalerstrafse .	4,1	4,0	3,2	2,0
Schillerstrafse . . .	7,9	6,8	4,7
Goethestrafse . . .	6,4	8,3	7,6
Heustrafse	5,7	3,2	3,2

Was die Zusammensetzung der Bevölkerung betrifft, so ist vorauszuschicken,
dafs in Städten die Hauptmasse gewöhnlich aus Gewerbtreibenden besteht. München
hat 53 % Gewerbtreibende und nur 23 % Handel- und Verkehrtreibende, jene machen
also mehr als das Doppelte von diesen aus. Im 9. Stadtbezirk aber stehen 38 %
Gewerbtreibende 36 % Handel- und Verkehrtreibenden gegenüber. Ihre Zahl ist
also fast einander gleich.[1] Dem entsprechen auch die Schraffierungen. Sie zeigen,
dafs an zahlreichen Stellen die Dichte der Handel- und Verkehrtreibenden sogar
über die der Gewerbtreibenden hinausgeht, und dafs die Lage einer Strafse auf
die Zusammensetzung der Bevölkerung einen noch stärkeren und sichereren Einflufs

---

[1] Nur im 4. Stadtbezirk, der die Theatiner- und Weinstrafse, die Kaufinger- und Neu-
hauserstrafse und das von ihnen eingeschlossene Gebiet bis zum Maximiliansplatz enthält, über-
treffen die Handel- und Verkehrtreibenden an Zahl die Gewerbtreibenden: 35 % zu 34 %.

ausübt als auf ihre Gesamtdichte. Wir finden z. B., wenn C die Dichte der Handel-
und Verkehrtreibenden, B die Dichte der Gewerbtreibenden bedeutet,

> mittlere Bayerstrafse . 4,0 C 1,8 B
> innere Goethestrafse . 2,9 » 1,6 »
> innere Schillerstrafse . 3,4 » 3,1 »

dagegen, weniger vom Verkehr begünstigt:

> Senefelderstrafse . . . 4,6 C 4,8 B

wir finden ferner

> Schützenstrafse . . . 2,7 C 1,0 B
> innere Bayerstrafse . . 1,6 » 0,8 »

dagegen, abseits vom grofsen Verkehr

> Schommerstrafse . . . 2,7 C 4,0 B,

wir finden endlich, von innen nach aufsen fortschreitend:

> Schillerstrafse . 3,4 C, 3,1 B. 2,2 C, 2,6 B. 1,5 C, 2,1 B.
> Goethestrafse . . 2,9 » 1,6 » 3,4 » 2,9 » 2,8 » 2,6 »

Man kann also wie bisher sagen: Je günstiger eine Strafsenstrecke für
Handel und Verkehr liegt, desto stärker werden die Handel- und Verkehrtreibenden
in ihrer Bewohnerschaft vertreten sein; und für die Benützung der Karte kann
man den Satz umkehren und sagen: Je stärker in der Schraffierung das Element
der Handel- und Verkehrtreibenden vorhanden ist, desto wichtiger ist die Stelle
für Handel und Verkehr. Bei der einzigen bemerkenswerten Ausnahme von dieser
Regel innerhalb des 9. Bezirkes, der St. Paulstrafse (5,2 C, 4,0 B), deutet schon ihre
peripherische Lage und beschränkte Ausdehnung darauf hin, dafs es sich dort nicht
sowohl um Geschäftsleute, als vielmehr um Post- und Bahnbedienstete handeln kann.

Gegenüber den spärlichen Zahlen, welche die statistischen Veröffentlichungen
für einen Stadtbezirk an die Hand geben, zeigt also unser Kärtchen, obwohl es
nur ein erster und dürftiger Versuch ist, eine ganze Fülle von Erscheinungen. Es
wäre eine anregende und nützliche, die Mittel und Kräfte des Einzelnen leider
übersteigende Arbeit, in ähnlicher Weise ein Bild der ganzen Stadt herzustellen.
Ein einziger Blick auf ein solches Blatt würde über das Wesen der Stadt besser
aufklären als das langwierige Studium einer grofsen Reihe von statistischen Zahlen
und Kartogrammen.

In München scheinen ja die Verhältnisse der Bevölkerungsverteilung noch
einfach zu liegen. Was für interessante Kartenbilder müfsten aber Weltstädte wie
Berlin, Wien, Paris, London liefern!

Gewifs müfsten diese Karten, wie die Volkskarten überhaupt, mit jeder
neuen Berufszählung nachkorrigiert oder umgearbeitet werden. Aber nichts würde
über Wachstum und Entwicklung der Städte besser belehren, als der Vergleich
ihrer Wohndichtenkarten aus verschiedenen Jahren.

Alles in allem: ein noch fast unangebautes, vielversprechendes
Feld für die Kartographie!

Statistische Listen.

Bezirksamt Garmisch.

Bevölkerung nach der Volkszählung von 1890; Areal (in ha) nach der Ermittelung der landwirtschaftlichen Bodenbenützung i. J. 1893
(LX. Heft der Beiträge zur Statistik des Königreichs Bayern, München 1894)

Nr.	Gemeinde	Ortschaft	Ackerbau-treibende	Nicht-ackerbau-treibende	Darunter Handel- u. Verkehrtreibende		(Gesamtfläche)	Weiden und Hutungen	Wald	Wegeland und Gewässer	Inland			Dichte der ackerbau-treibenden Bevölkerung pro qkm	Bemerkungen
			a	b	c	$100\frac{c}{b}$	g	h	w	r	n	$k+\frac{h}{5}$	$a-n$	d	$k = g-(h+w+r+u)$; n siehe Text S. 9.
1	Eschenlohe		287	145	45	31	6193	736	3841	110	674	979	189	19	
		Eschenlohe	229	—											
		Höllenstein	4	1	—	—									
		Obernach	18	1	—	—									
		Weghaus	7	—	—	—									
		Wengen	7	1	—	—									
		Wengwies	22	—	—	—									
2	Ettal		211				1396 / 8427[1]	90	890 / 8427[1]	25	19	390	98	25	[1] Forstbez. Ettal.
		Dicklschwaig	10	—	—	13									
		Ettal	91	139	18										
		Graswang	79	6	—	—									
		Linderhof	7	19	1	—									
		Lindertradl	8	—	—	—									
		Rahm	16	3	—	—									
3	Farchant		267				2583	114	1954	68	24	446	199	45	
		Farchant	232	105	12	11									
		Mühldörfl	35	14	1	—									
4	Garmisch		562				9155	3945	2979	184	1095	1741	472	27	[1] ½ Fafslmacher und Schnitzer. [2] ⅓ Flöfser.
		Garmisch	535	1300[1]	288[2]	22									
		Griesen	7	12	—	—									
		Riefs	5	1	—	—									
		Breitenau	4	1	1	—									
		Sonnenbichl (Schmölz)	—	11	—	—									
		Wang (Schwaigwang)	11	—	—	—									

Footnotes:
[1] ¹/₃ Geigen- und Instrumentenmacher.
[1] ¹/₂ Schnitzer.

Nr.	Gemeinde	Ortschaft												
5	**Krünn**	*(Gemeinde)*	255				15	183	1244	6	133	2180	29	3586
		Barmsee	13											
		Ellmau	11	2	2									
		Gerold	31	—	—									
		Klais	12	13	5									
		Krünn	183	48	18	37								
		Plattele	5	—	—									
6	**Mittenwald**	*(Gemeinde)*	469				24	354	1469	179	252	11382	55	13326
		Lautersee	6	3	3									
		Mittenwald	463	1319[1]	223	17								
7	**Oberammergau**	*(Gemeinde)*	439				39	383	994	—	49	1529	543	3006
		Oberammergau	439	927[1]	133	14								
8	**Oberau**	*(Gemeinde)*	113				37	77	207	453	53	912	201	1787
		Buchwies	4	—	—	—								
		Oberau	83	98	28	28								
		Untermberg	26	24	11									
9	**Obergrainau**	*(Gemeinde)*	215				34	137	403	123	191	2439	279	3381
		Eibsee	13	1										
		Hammersbach	41	5	—	46								
		Obergrainau	158	27	3									
		Schmölz	3	22	3									
10	**Ohlstadt**	*(Gemeinde)*	446				23	378	1666	35	73	1938	526	4133
		Bartlmämühle	12	17										
		Cementmühle	—	2	—	—								
		Kleinaschau	27	6	—	—								
		Ohlstadt	347	201	61	30								
		Pömetsried	6	—	—	—								
		Schwaiganger	28	36	—	—								
		Weichs	26	3	—	—								
11	**Partenkirchen**	*(Gemeinde)*	466				30	353	1175	—	90	9234	63	10549
		Anton	—	—										
		Esterberg	9	—	—	—								
		Kainzenbad	6	11	—	—								
		Partenkirchen	451	1284	274	21								

Header formula: $k = g - (h + w + r + u)$; n siehe Text S. 9.

Nr.	Gemeinde	Ortschaft	a Ackerbautreibende	b Nichtackerbautreibende	c Darunter Handel- u. Verkehrtreibende	$\frac{c}{b}100$	g (Gesamt-)fläche	h Weiden u. Hutungen	w Wald	r Wegeland und Gewässer	u Unland	$k+\frac{h}{5}$	$a-n$	d Dichte der ackerbautreibenden Bevölkerung pro qkm	Bemerkungen
12	Schwalgen		231	…	…	…	2348	180	1544	30	245	385	175	45	
		Apfelbichel	18	1	1	—									
		Aschau	67	29	—	—									
		Fuchsloch	8	—	—	—									
		Grafenaschau	37	8	—	—									
		Hinterbraunau	24	2	—	—									
		Plaicken	46	2	—	—									
		Vorderbraunau	31	—	—	—									
13	Unterammergau		247	…	…	…	2990 / 1470[1]	268	1586 / 1470[1]	54	219	917	157	17	[1] Forstbez. Unterammergau.
		Kapell	4	—	—	—									
		Scherenau	44	—	—	—									
		Unterammergau	199	433[1]	34	8									
14	Untergrainau		144	…	…	…	1559	152	1205	6	63	163	98	60	[1] Fast die Hälfte Wetzsteinmacher.
		Badersee	—	3	3	3									
		Untergrainau	144	32	…	…									
15	Wallgau		234	…	…	…	2709	6	1924	458	3	319	166	52	
		Sachensee	6	—	…	…									
		Wallgau	228	54	15	28									
16	Wamberg		158	…	…	…	817	367	20	1	—	502	157	31	
		Gschwandt	7	—	—	—									
		Hintergraseck	16	1	—	—									
		Höfle	14	—	—	—									
		Kaltenbrunn	11	1	—	—									
		Mittergraseck	15	1	—	—									
		Reinthal	5	—	—	—									
		Schlattan	24	1	—	—									
		Vordergraseck	19	—	—	—									
		Wamberg	47	2	—	—									
	Bezirksamt Garmisch		4744	6383	1183	19	79413	7554	55452	1777	3138	13000	3576	27	

Zum Vergleich: Es beträgt die Dichte der Gesamtbevölkerung (11127 S.), die der Ackerbautreib. (4744 S.)
auf den 794 qkm der Gesamtfläche .... 14 pro qkm   6 pro qkm
» » 208 » » um Wald und Unland verringerten Gesamtfläche ... 53 » »   23 » »
» » 115 » » Wald, Unland, Wegeland und Weiden verringerten Gesamtfläche ... 92 » »   41 » »

Herzogtum Oldenburg.

Nach P. KOLLMANN, Statistische Beschreibung der Gemeinden des Herzogtums Oldenburg, 1897,
Tabelle 8 und Tabelle 20.

Lage	Name der Gemeinde	Ackerbau-treibende	Gesamt-fläche (qkm)	Öd- und Unland	Wald	zu verrechnende		Dichte pro qkm
						Fläche	Be-völkerung	
		a	g	u	w	$k + \dfrac{u}{w}$ *)	$a - 4w$	
westliche Marsch	Middoge	278	13,7	—	—	.	.	20,2
	Hohenkirchen	991	37,9	—	—	.	.	26,2
	Minsen	514	16,6	—	—	.	.	30,9
	Wiarden	340	11,8	—	—	.	.	28,8
	Tettens	656	25,3	—	—	.	.	25,9
	Oldorf	224	7,9	—	—	.	.	28,3
	St. Joost	173	6,0	—	—	.	.	28,8
	Wüppels	169	8,1	—	—	.	.	20,9
	Pakens	266	9,8	—	—	.	.	27,1
	Wiefels	179	9,3	—	—	.	.	19,2
	Westrum	106	4,2	—	—	.	.	25,2
	Waddewarden	451	19,2	—	—	.	.	23,5
	Sengwarden	787	27,6	—	—	.	.	28,4
	Fedderwarden	365	17,0	—	—	.	.	21,5
	Accum	229	8,3	—	—	.	.	27,6
	Neuende	317	16,8	—	—	.	.	18,8
	Heppens	141	2,9	—	—	.	.	48,6
	Bant	53	3,0	—	—	.	.	17,7
	Sande	381	22,7	—	—	.	.	16,8
östliche Marsch	Langwarden	877	35,1	—	—	.	.	24,9
	Tossens	157	6,3	—	—	.	.	24,9
	Eckwarden	315	15,0	—	—	.	.	21,0
	Burhave	588	22,4	—	—	.	.	26,2
	Waddens	240	9,0	—	—	.	.	26,7
	Blexen	704	32,7	—	—	.	.	21,4
	Stollhamm	806	31,1	—	—	.	.	26,0
	Abbehausen	727	28,5	—	—	.	.	25,4
	Atens	66	9,1	—	—	.	.	7,2
	Seefeld	916	30,1	—	—	.	.	30,4
	Esenshamm	440	23,3	—	—	.	.	18,9
	Dedesdorf	700	37,9	—	—	.	.	18,4
	Schweiburg	1061	26,1	0,8	—	25,3	.	41,9
	Schwei	1157	36,3	0,7	0,1	35,6	.	32,5
	Rodenkirchen	834	31,8	—	—	31,8	.	26,2
	Jade	1711	67,0	10,9	2,3	54,9	1702	31,0
	Strückhausen	1637	63,3	8,7	0,2	55,3	1636	29,6
	Ovelgönne	31	4,1	—	—	.	.	7,6
	Golzwarden	497	16,8	—	—	.	.	29,6
	Brake	73	5,2	—	—	.	.	14,0
	Grofsenmeer	633	26,7	4,9	0,6	21,7	631	29,1
	Oldenbrok	549	28,6	3,1	0,1	25,4	.	21,6
	Hammelwarden . . .	845	29,5	—	—	.	.	28,6
	Neuenbrok	215	13,6	0,8	—	12,9	.	16,7
	Bardenfleth	713	39,9	3,7	0,2	36,4	712	19,5
	Elsfleth (Stadt und Land)	432	18,2	0,1	—	18,1	.	23,8

*) $k = g - (u + w)$.

Lage	Name der Gemeinde	Ackerbau-treibende	Gesamt-fläche (qkm)	Öd- und Unland	Wald	zu verrechnende		Dichte pro qkm
						Fläche	Be-völkerung	
		a	g	u	w	$k+\dfrac{u}{w}$	$a-4w$	
östliche Marsch	Altenhuntorf	634	32,7	3,8	1,1	28,2	630	22,3
	Neuenhuntorf	327	19,2	3,2	—	16,3	.	20,2
	Holle	814	40,4	9,6	0,4	31,4	812	25,8
	Berne	1284	57,5	2,2	—	55,5	.	23,1
	Warfleth	184	7,5	—	—		.	24,6
	Bardewisch	268	15,1	0,2	—	14,9	.	18,0
	Altenesch	318	20,4	—	—		.	15,6
	Wangeroge	—	2,1	1,9	—		.	—
Geest, Oldenburger	Zetel	1277	47,7	6,8	5,1	36,5	1257	34,4
	Neuenburg	710	33,3	18,8	2,9	13,5	698	51,7
	Bockhorn	1614	76,5	25,9	7,7	45,5	1584	34,8
	Varel (Stadt und Land)	3545	131,6	28,4	19,8	86,2	3466	40,3
	Westerstede	3747	175,5	70,7	24,9	87,0	3647	41,9
	Wiefelstede	1823	85,4	35,7	14,8	38,5	1764	45,8
	Rastede	3085	104,0	38,8	10,8	58,3	3042	52,3
	Apen	1954	79,2	42,2	1,1	40,1	1950	48,6
	Zwischenahn	2752	102,9	39,7	10,2	57,0	2711	47,4
	Edewecht	2765	94,1	54,3	3,6	41,6	2751	66,1
	Oldenburg (Stadt und Land)	4316	125,2	41,5	10,1	77,7	4276	55,1
	Osternburg	1333	50,8	22,4	3,1	27,5	1321	48,1
	Wardenburg	2191	111,9	67,6	5,2	45,8	2170	47,3
	Grofsenkneten	1903	147,9	95,2	12,5	49,7	1853	37,4
	Huntlosen	331	28,3	12,7	1,7	15,1	324	21,4
	Hatten	1364	94,5	42,3	17,4	39,0	1294	33,2
	Hude	1858	68,4	22,8	8,7	39,2	1823	46,5
	Ganderkesee	3182	137,7	39,4	18,7	83,5	3107	37,3
	Schönemoor	583	18,5	2,0	0,2	16,5	582	35,3
	Hasbergen	1112	33,4	4,9	0,9	28,1	1109	39,4
	Delmenhorst	723	19,6	3,5	0,6	15,8	721	45,6
	Stuhr	1070	21,8	0,4	—	21,4	1070	50,0
	Dötlingen	1444	101,6	46,9	12,6	46,8	1394	29,8
	Wildeshausen (Stadt und Land)	1145	89,4	30,8	13,7	48,0	1090	22,7
	Sandel	249	10,3	1,3	0,3	8,8	248	28,2
	Cleverns	374	10,2	0,3	0,1	9,8	374	38,2
	Jever	661	20,7	0,6	0,2	20,0	660	33,0
	Sillenstede	612	24,1	0,7	1,6	21,9	606	27,7
	Schortens	994	40,8	3,8	8,9	28,5	958	33,6
Geest, Münstersche	Barfsel	1008	86,2	66,4	0,4	26,0	1006	38,7
	Strücklingen	1322	36,6	21,9	0,2	16,7	1321	79,2
	Ramsloh	632	39,3	29,6	0,5	12,2	630	51,6
	Scharrel	725	59,0	42,1	0,6	20,5	723	35,2
	Neuscharrel	401	14,1	0,3	—	13,8	401	29,1
	Markhausen	618	41,3	30,3	2,2	11,8	609	51,6
	Altenoythe	837	64,5	47,4	0,8	21,0	834	39,7
	Friesoythe	805	85,4	59,9	3,3	28,2	792	28,1
	Bösel	949	104,6	49,9	0,8	58,9	946	16,1

Lage	Name der Gemeinde	Ackerbau-treibende	Gesamt-fläche (qkm)	Öd- und Unland	Wald	zu verrechnende Fläche	zu verrechnende Be-völkerung	Dichte pro qkm
		a	g	u	w	$k + \dfrac{u}{w}$	$a - 4w$	
Geest,	Molbergen	1257	81,6	52,0	8,0	26,8	1225	45,7
Münstersche	Lindern	1351	64,9	36,7	5,9	26,0	1327	51,1
	Löningen	3032	142,0	56,8	23,9	67,0	2936	43,7
	Lastrup	1296	75,2	29,8	14,5	33,9	1238	36,5
	Essen	1749	92,5	28,3	17,5	49,5	1679	33,9
	Krapendorf	1703	119,8	74,6	11,7	41,0	1656	40,4
	Cloppenburg	533	29,0	5,3	11,2	13,0	488	37,5
	Garrel	1168	81,8	68,5	0,1	20,0	1168	58,4
	Emstek	1735	107,9	45,4	26,2	39,8	1630	40,9
	Cappeln	1150	59,7	24,9	4,9	32,4	1130	34,9
	Vestrup	632	35,6	22,1	1,0	14,7	628	42,7
	Vishek	2207	84,1	23,9	14,9	47,7	2147	45,1
	Goldenstedt	1555	72,0	30,5	9,1	35,4	1519	42,9
	Langförden	1064	36,1	8,8	2,0	26,2	1056	40,3
	Lutten	765	16,5	1,5	3,1	12,0	753	62,7
	Oythe	612	15,4	5,3	0,8	9,8	609	62,1
	Vechta	674	36,3	19,0	3,7	15,5	659	42,4
	Bakum	1311	42,9	16,2	2,3	26,0	1302	50,2
	Dinklage	2155	72,5	20,7	6,3	47,6	2130	44,7
	Lohne	2419	90,5	44,1	4,4	46,4	2401	51,9
	Steinfeld	1882	59,8	22,7	2,8	36,6	1871	51,2
	Holdorf	1151	55,0	21,6	6,0	29,6	1127	38,0
	Neuenkirchen	1080	38,9	11,3	3,0	25,7	1068	42,0
	Damme	3288	104,1	39,0	8,9	60,1	3252	54,1
Herzogtum Oldenburg		119 204	5381	1914	423	3235	117 512	36
Marsch		27 421	1151	56	5	1095	27 400	25
Geest		91 783	4230	1858	418	2139	90 112	42
Oldenburger Geest		48 717	2085	800	216	1147	47 851	42
Münstersche Geest		43 066	2145	1057	201	992	42 261	43

Zum Vergleich:

	Gesamt-bevölkerung	Ackerbau-treibende Bevölkerung	Gesamt-fläche (qkm)	Rohe Dichte der Gesamt-bevölkerung	Rohe Dichte der ackerbau-treibenden Bevölkerung
	b	a	g	$b : g$	$a : g$
Herzogtum Oldenburg ...	279 008	119 204	5381	52	22
Marsch	81 928	27 421	1151	71	24
Geest	197 080	91 783	4230	47	22
Oldenburger Geest	132 367	48 717	2085	63	23
Münstersche Geest	64 713	43 066	2145	30	20

Der 9. Bezirk der Stadt München.

Bevölkerung nach der Berufs- und Gewerbezählung von 1895; Areal nach den Listen des Rentamts.

Häusergruppe	umfaſst	Größe der bewohnten Fläche (Ar)	B incl. A u. D Zugehörige	B incl. A u. D Dichte	C Zugehörige	C Dichte	E Zugehörige	E Dichte	F Zugehörige	F Dichte	Gesamtbevölkerung Anzahl	Gesamtbevölkerung Dichte
1a	Arnulfstr. 1, 9, 13, 15, 17a; Bahnhofplatz 1, 6	544,2	46	0,1	148	0,3	3	.	—	—	197	0,4
—	Bahnhofplatz 2	4973,5	—	—	9	.	—	.	—	—	9	.
1b	Bahnhofplatz 5, 7; Schützenstr. 1—2, 4—12	96,6	98	1,0	254	2,7	25	0,3	58	0,6	435	4,5
2	Bayerstr. 2—10 ger.*) inkl. Schützenstr. 3; Bayerstraße 1—29 unger.; Zweigstr. 2; Schillerstr. 1.	173,4	147	0,8	287	1,6	39	0,25	110	0,6	583	3,4
3a	Bayerstr. 31—53a unger.; Senefelderstr. 15, 16, 17; Heustr. 31	104,8	193	1,8	416	4,0	36	0,3	131	1,1	776	7,4
3b	Bayerstr. 55—107 unger.	290,2	815	2,8	806	2,8	46	0,6	157	0,5	1824	6,3
3c	Bayerstr. 109—115 unger., 30—34 ger.; Zollstr. 1; Grasserstr. 1.	473,2	150	0,3	80	0,2	—	—	7	.	237	0,5
3d	Bayerstr. 14—28 ger.	162,5	42	0,3	145	0,9	48	0,3	2	.	237	1,5
—	Zollstr. 2, 4; Grasserstr. 7.	**)	17	.	124	.	—	—	—	.	141	.
4	Schlosserstr.; Schommerstr. ohne 12; Zweigstr. ohne 2	155,2	625	4,0	413	2,7	39	0,25	181	1,2	1258	8,1
5a	Schwanthalerstr. 1—6, 8—17, 77—92	190,9	299	1,6	243	1,3	106	0,6	127	0,7	775	4,1
5b	Senefelderstr. ohne 15, 16, 17.	101,9	478	4,8	464	4,6	39	0,4	137	1,4	1118	11,2
6a	Schwanthalerstr. 17½—29, 62—76.	261,3	403	1,5	393	1,5	73	0,3	165	0,6	1039	4,0
6b	Schwanthalerstr. 30—40, 47—61.,	262,7	340	1,3	320	1,2	50	0,2	125	0,5	835	3,2
—	Schwanthalerstr. 40a (Schulhaus).	45,4	—	—	—	—	5	.	—	—	5	.
7a	Landwehrstr. 1—29 unger., 2—32 ger.; Schwanthalerstraße 7.	222,9	423	1,9	326	1,5	116	0,5	254	1,1	1119	5,0
7b	Landwehrstr. 31—47 unger., 32a—42 ger.	104,5	226	2,2	201	1,9	72	0,7	183	1,7	682	6,5
8a	Landwehrstr. 49—65 unger., 44—56 ger.	85,9	214	2,5	198	2,3	66	0,8	118	1,4	596	7,0
8b	Landwehrstr. 69—87 unger., 60—70 ger.	124,0	154	1,2	219	1,8	39	0,3	76	0,6	488	3,9
9	Schillerstr. 2—9, Schommerstr. 12, Schillerstr. 39—49	94,4	296	3,1	317	3,4	26	0,3	106	1,1	745	7,9
10a	Schillerstr. 10—13, 32—37.	50,5	130	2,6	111	2,2	22	0,4	81	1,6	344	6,8
10b	Schillerstr. 14—24, 26—31; Findlingstr. 10, 10a, 10b	246,6	521	2,1	372	1,5	78	0,3	180	0,7	1151	4,7
11a	Goethestr. 3—11 unger., 4—14 ger.	65,8	108	1,6	188	2,9	26	0,4	100	1,5	422	6,4
11b	Goethestr. 13—19 unger., 16—24 ger.	32,3	95	2,9	111	3,4	28	0,9	34	1,0	268	8,3

Nr.	Straße[*]	Fläche										
11c	Goethestr. 21—39 unger.; Findlingstr. 14; Goethestrafse 26—48 ger.	121,3	319	2,6	335	2,8	57	0,5	199	1,6	910	7,6
12	Mittererstrafse	95,0	270	2,8	354	3,7	39	0,4	148	1,6	811	8,5
13a	Heustr. 1a—8, 24—30	101,2	269	2,6	206	2,0	43	0,4	60	0,6	578	5,7
13b	Heustr. 9—13, 21—23	62,7	63	1,0	63	1,0	18	0,3	57	0,9	201	3,2
13c	Heustr. 15—16, 16a—20a	166,7	169	1,0	231	1,4	22	0,1	112	0,7	534	3,2
14a	Kleestrafse	93,8	219	2,3	233	2,5	31	0,3	48	0,5	531	5,7
14b	Rennbahnstr. 1—5	41,1	174	4,2	83	2,0	8	0,2	13	0,3	278	6,8
—	Rennbahnstr. 11 (Ludwigsgymnasium)	29,0	—	—	—	.	5	.	—	—	5	.
14c	Schwanthalerstr. 40b—46	73,8	44	0,6	50	0,7	21	0,3	31	0,4	146	2,0
—	Schwanthalerstr. 40c (Zirkus)	49,8	1	.	—	—	—	—	—	—	1	.
14d	St. Paulstrafse	64,3	256	4,0	334	5,2	26	0,4	74	1,1	690	10,5
—	St. Paulskirche	(**)	1	.	—	—	—	—	—	—	1	.
15a	Findlingstr. 3, 5; Mathildenstr. 1, 2, 9a, 10	422,2	17	.	—	.	121	0,3	690	1,6	828	2,0
—	Findlingstr. 1, 2 (am Sendlingerthorplatz) / Nufsbaumstr. 4, 5	12,6	52	.	19	.	22	.	34	.	127	.
15b	Nufsbaumstr. 2—3b; Krankenhausstr. 1, 1a, 2; Findlingstr 11, 12; Schillerstr. 25, 25½	917,2	441	0,5	111	0,1	352	0,4	93	0,1	997	1,1
15c	Mathildenstr. 3—9	35,6	84	2,4	18	0,5	39	1,1	79	2,2	220	6,2
15d	Findlingstr. 18—32 ger., 19—27 unger.	167,6	120	0,7	94	0,6	40	0,2	99	0,6	353	2,1
15e	Findlingstr. 34—48 ger., 29—39 unger.	118,7	75	0,6	95	0,8	44	0,4	47	0,4	261	2,2
16a	Bavariaring 16—19, 24—29	124,4	60	0,5	28	0,2	5	.	4	.	97	0,8
—	Bavariaring 43, 44	26,3	11	.	6	.	—	—	5	—	22	.
—	Hermann Schmidstr. 1—3	28,8	11	.	23	.	16	.	12	.	62	.
16b	Uhlandstr. 1, 3—8; Rückertstr. 1, 2; Lessingstrafse 10—12; Goethestr.50—60; Herzog Heinrichstrafse 1—9, 2—10; Kaiser Ludwig-Platz 1, 2, 6, 8; Beethovenstr. 5, 12, 14; Schubertstr. 2.	343,3	164	0,5	99	0,3	93	0,4	191	0,6	547	1,6
16c	Haydnstr. 1, 9, 11; Herzog Heinrichstr. 15, 21, 23.	52,7	43	0,8	19	0,4	5	0,1	22	0,4	89	1,7
16d	Herzog Heinrichstr. 25—33 unger., 24—40 ger.; Mozartstr. 1—15 unger., 2—12 ger.	162,4	244	1,5	203	1,2	54	0,3	93	0,6	594	3,7
	Der 9. Stadtbezirk	.	8927	.	8749	.	2048	.	4443	.	24167	.
	Der 9. Stadtbezirk, nach der offiziellen Zählung	.	8890	.	8779	.	2013	.	4476	.	24158	.
	Der 9. Stadtbezirk, abzüglich der nicht vermessenen Grundstücke	12173,2	8909	0,73	8625	0,71	2048	0,17	4443	0,36	24025	1,97
	do. und ohne Bahnhofplatz 2 (Zentralbahnhof)	7199,7	8909	1,24	8616	1,20	2048	0,26	4443	0,60	24016	3,34

*) ger. = gerade, unger. = ungerade Hausnummern. — **) nicht vermessen.

OBJEKTIVE KARTE DER
BEVÖLKERUNGSVERTHEILUNG IN **OBERFRANKEN**
nach der Volkszählung von 1890.

Maasstab 1:500000

Ackerbautreibende Bevölkerung grün.
Die Zahlen (u) geben ihre Dichte pro qkm für jede Gemeinde.
Hellster Ton Wald = 1 pro qkm.

tadt

Nordhalben

Saale

Hof

Rehau
3,1

Asch

Viehhandel

Schwarzenbach

Münchberg
43
3,6

Selb
10

Eger

Fichtelgebirge

Kulmbach
6,5

Neuen-
markt

23

Wunsiedel

Arzberg

Main

Mainz

Glas

Bayreuth

M.Redwitz
26
3,5

Leinen u.Weberei
handel

Weber

Fichtelgeb.

Pegnitz

Kirchenlaibach

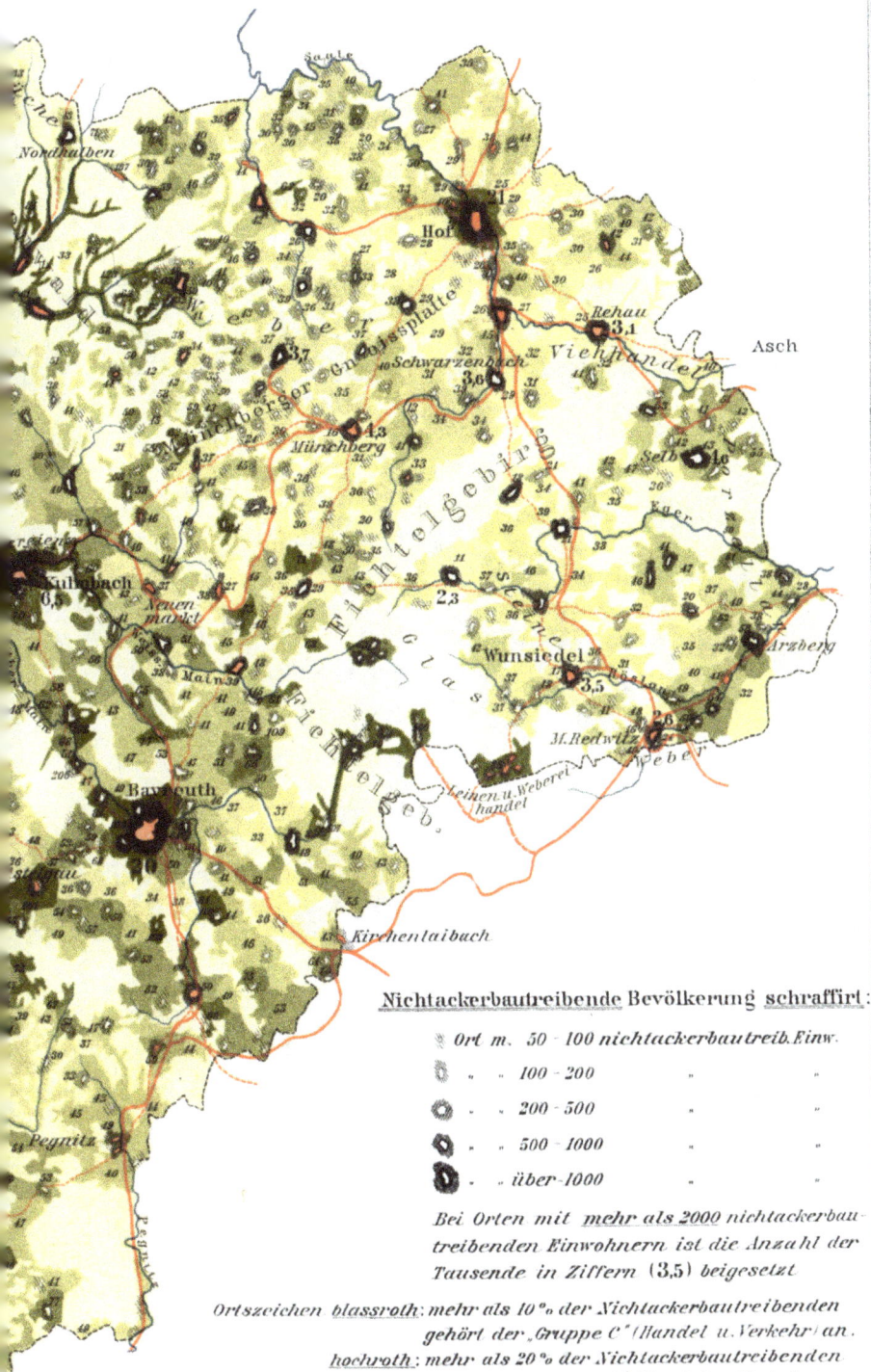

Nichtackerbautreibende Bevölkerung schraffirt:

Ort m. 50 - 100 nichtackerbautreib. Einw.

„ „ 100 - 200 „ „

„ „ 200 - 500 „ „

„ „ 500 - 1000 „ „

„ „ über 1000 „ „

Bei Orten mit mehr als 2000 nichtackerbautreibenden Einwohnern ist die Anzahl der
Tausende in Ziffern (3,5) beigesetzt

Ortszeichen blassroth: mehr als 10% der Nichtackerbautreibenden
gehört der „Gruppe C" (Handel u.Verkehr) an.
hochroth: mehr als 20% der Nichtackerbautreibenden
gehört der „Gruppe C" (Handel u. Verkehr) an.
(Ersteres ist nur bei Orten mit mehr als 500, letzteres nur bei Orten
mit mehr als 200 Nichtackerbautreibenden angegeben u. bei Orten
mit 100-200 Nichtackerbautreibenden, wenn über 30%.)

Eisenbahnen, d.° im Bau, Staatsstrassen 1.Kl.

Waldgrenzen aus der Karte des deutschen Reiches (1:100 000).
Gemeindegrenzen aus den bayrischen Amtsgerichts-Übersichtskarten (1:100 000).

Geograph. Anst. von Wagner & Debes. Leipzig

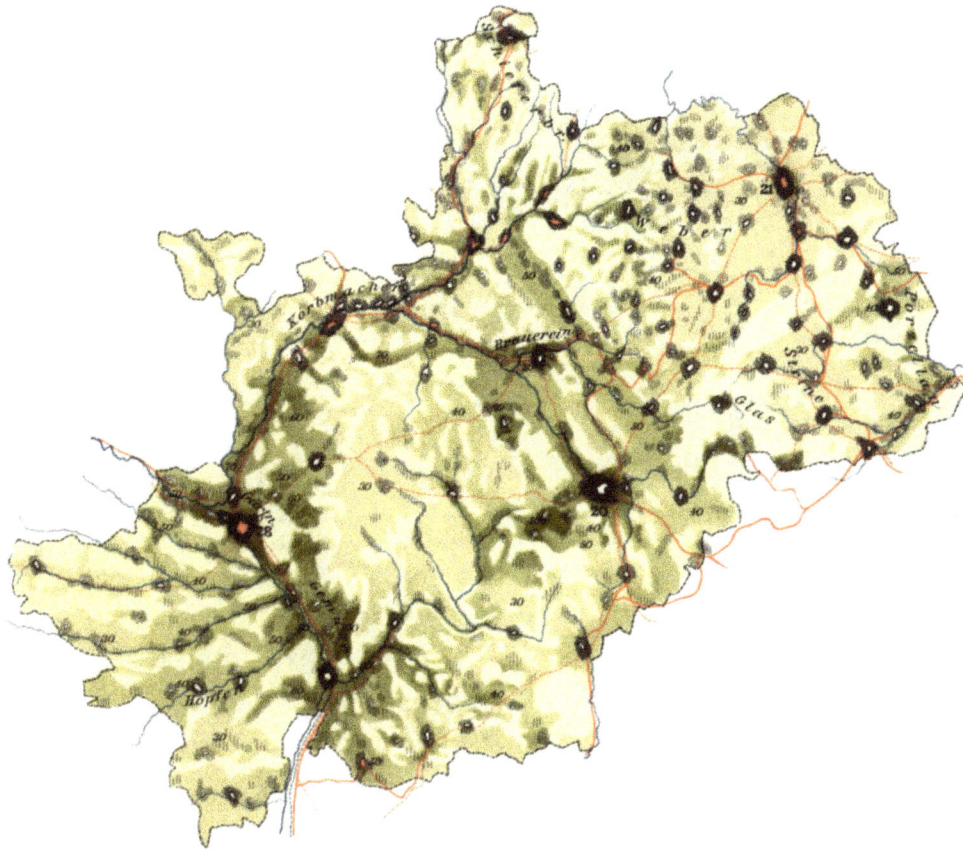

VOLKSKARTE VON OBERFRANKEN

nach der Zählung von 1890.

Maasstab 1 : 1.000.000

Ackerbautreibende Bevölkerung grün.

Die Zahlen (100) geben ihre Dichte pro qkm.
Hellster Ton : Wald = 4 pro qkm.

Nichtackerbautreibende Bevölkerung schraffirt:

⊙ 100 – 200	⊙ 1000 – 2000	
⊙ unter 100	⊙ 200 – 500	⊙ 2000 – 5000	⊙ über 10.000 (Zahl der Tausende beigeschrieben)
	⊙ 500 – 1000	⊙ 5000 – 10.000	

Ortszeichen roth ausgefüllt : über 20% der Nichtackerbau-
treibenden sind Handel - und Vekehrtreibende.

Gesammtfläche von Oberfranken 6999 qkm, Gesammtbevölkerung 573.000 Seelen,
ackerbautreibende Bevölkerung ca. 231.000, ihre mittlere Dichte - 33 pro qkm.

Eisenbahnen   Landstrassen 1.Kl.

Geograph. Anst. v. Wagner & Debes, Leipzig

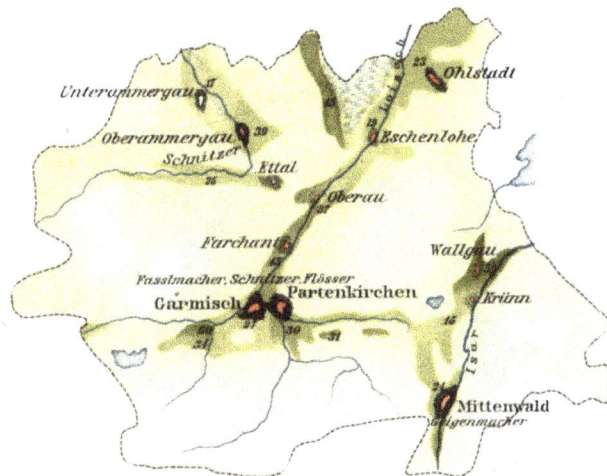

VERTHEILUNG DER BEVÖLKERUNG
IM BEZIRKSAMT GARMISCH
1890.

Maasstab 1:500 000

Ackerbautreibende Bevölkerung grün.

Die Zahlen (27) geben ihre Dichte pro qkm. ☐ *Wald* ☐ *Moss* ☐ *Unland*

Nichtackerbautreibende Bevölkerung schraffirt:

- 50 - 100 nichtackertreibende Einwohner
- 101 - 200 „ „
- 201 - 500 „ „
- 501 - 1000 „ „
- 1001 - 2000 „ „

Gesammtfläche des Bezirksamts 794 qkm, Gesammtbevölkerung 11127 Seelen; Ackerbautreibende Bevölkerung 4744 Seelen, ihre mittlere Dichte = 6 pro qkm.

Ortszeichen weiss: unter 10% der nichtackerbautreibenden Bevölkerung gehören d. Handel, Verkehr u. Bewirthung an
„ blassroth: 10 - 20% „ „ „ „ „ „ „ „ „
„ hochroth: über 20% „ „ „ „ „ „ „ „ „

Wald nach der topographischen Specialkarte von Mitteleuropa (1:200 000), Gemeindegrenzen nach der Amtsgerichtsübersichtskarte (1:100 000).

Geograph. Anst. von Wagner & Debes, Leipzig

OBJEKTIVE KARTE DER

VERTHEILUNG

DER ACKERBAUTREIBENDEN BEVÖLKERUNG

IM HERZOGTHUM OLDENBURG

1890.

Maassstab 1 : 500000

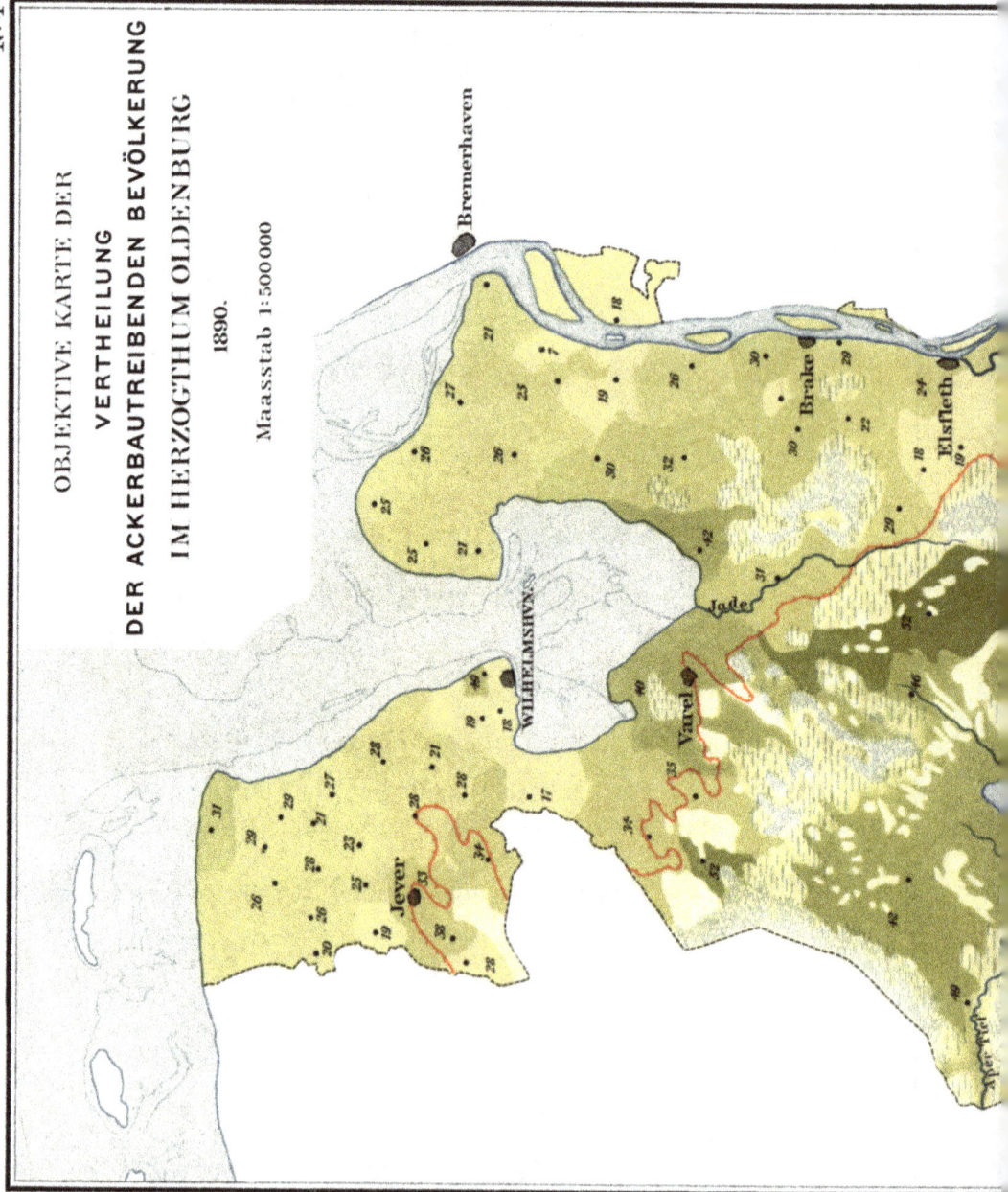

Bremerhaven

Brake

Elsfleth

Jade

WILHELMSHAVEN

Varel

Jever

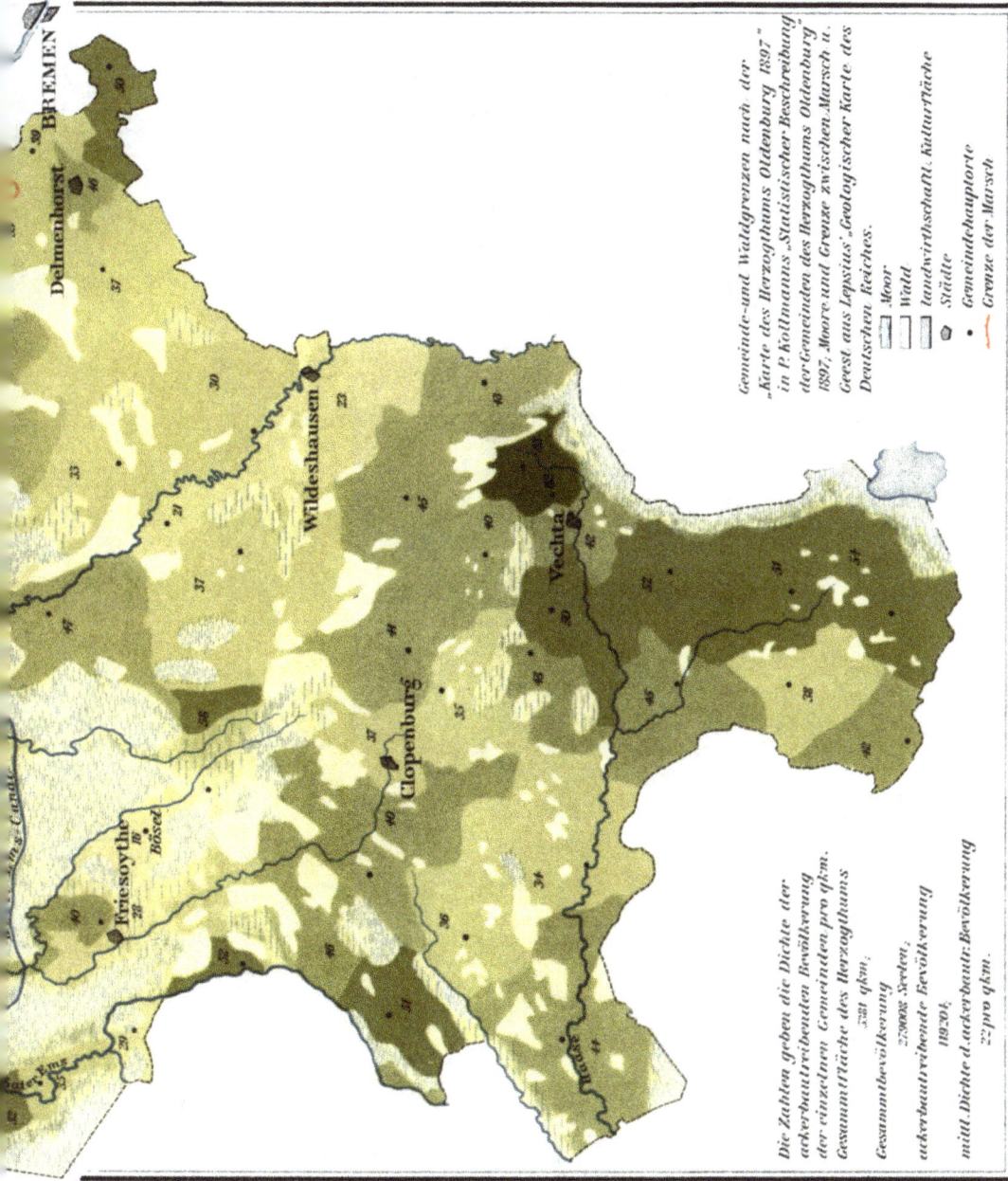

Gemeinde- und Waldgrenzen nach der „Karte des Herzogthums Oldenburg 1897" in P. Kollmanns „Statistischer Beschreibung" der Gemeinden des Herzogthums Oldenburg 1897, Moore und Grenze zwischen Marsch u. Geest aus Lepsius' „Geologischer Karte des Deutschen Reiches".

Moor
Wald
landwirthschaftl. Kulturfläche
Städte
Gemeindehauptorte
Grenze der Marsch

Die Zahlen geben die Dichte der ackerbautreibenden Bevölkerung der einzelnen Gemeinden pro qkm. Gesammtfläche des Herzogthums 5381 qkm:

Gesammtbevölkerung   279002 Seelen;

ackerbautreibende Bevölkerung
1930;

mittl. Dichte d. ackerbaut. Bevölkerung
22 pro qkm.

BREMEN

Delmenhorst

Wildeshausen

Vechta

Cloppenburg

Friesoythe

Bösel

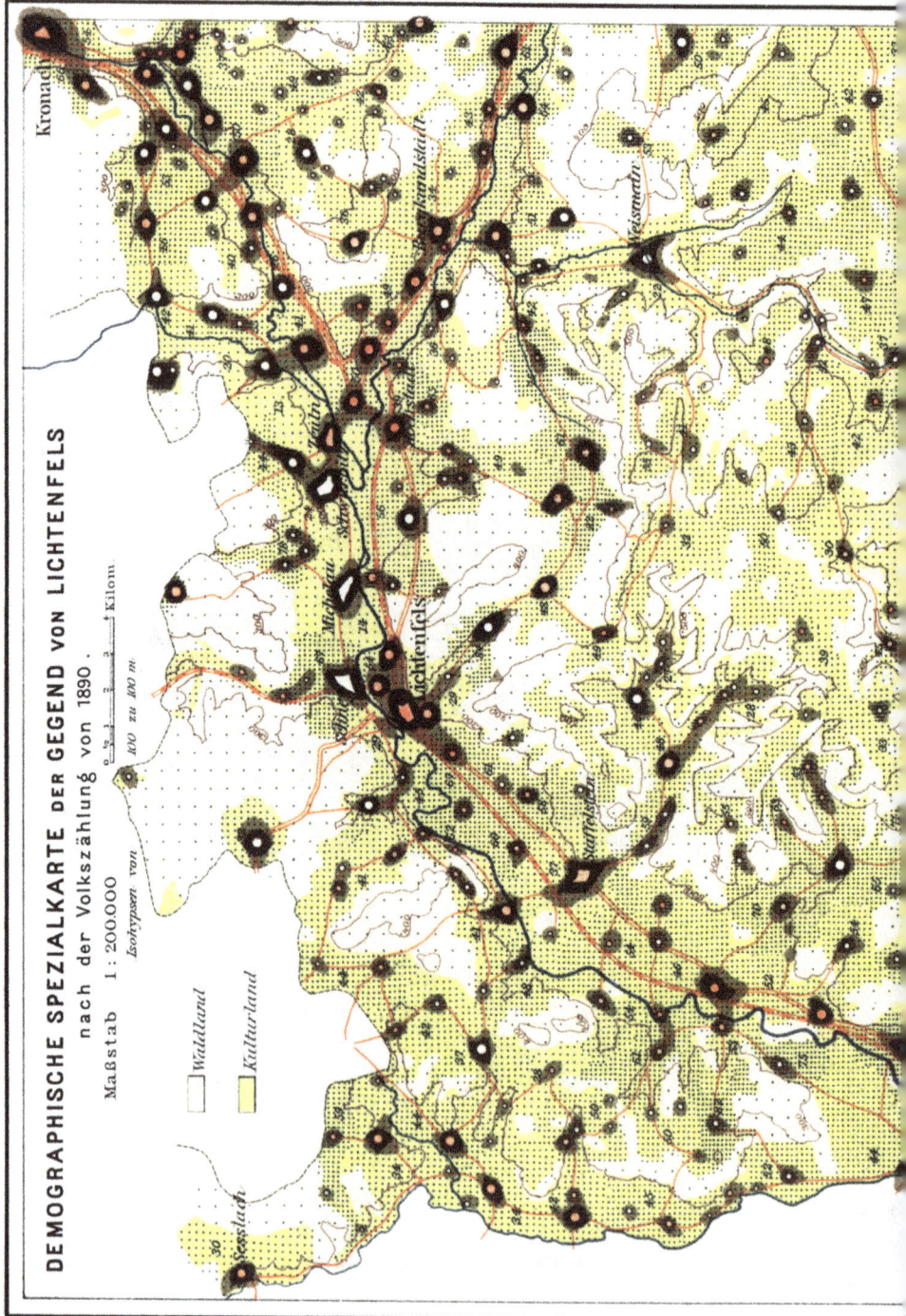

DEMOGRAPHISCHE SPEZIALKARTE DER GEGEND VON LICHTENFELS

nach der Volkszählung von 1890.

Maßstab 1 : 200.000

Isohypsen von 100 zu 100 m.

Waldland

Kulturland

Kronach

Lichtenfels

Ackerbautreibende Bevölkerung punktirt (pro Kopf 1 Punkt)
Dichtenzahlen (54) pro qkm. Grüner Ton Kulturland, hellgrüner Ton Wald.

Nichtackerbautreibende Bevölkerung :

Anzahl	Signatur	Zeichen	und	Schraffirung
unter 100	10 – 20	o	kleiner Ring	keine Schraffirung
	20 – 50		„	Vertikalschraffirung weit
	50 – 100		„	eng
100 bis 1000	100 – 200		grosser Ring	NW Schraffirung weit
	200 – 500		grosser Ring verstärkt	„
	500 – 1000		„	eng
über 1000	1000 – 2000		eckiger Orts-umriss	NO Schraffirung weit
	2000 – 5000		eckiger Orts-umriss verstärkt	„

Antheil der Handel- u. Verkehrtreibenden an der Anzahl der Nichtackerbautreibenden:

O unter 10%   ● 10 – 25%   25 – 50%   ● über 50%

Karls-
Platz

S o n n e n - S

Mathilden

Stadt.
Pensionat

Elb
S

Prielmaier-Str.

Luitpold-str.

Schützen-Str.

7b

2

3a

Zweigstrasse

Schnurr-Str.

15a

Bahnhof-
Platz

Telegr.-Amt

4

9b

7a

3a

S t r a s s e

Senefelder-str.

10b

Central-Bahnhof

9a

11b

5d

10a

A r n u l f S t r a s s e

Mittlerer-Str.

G o t h e

12

11a

6a

14a

1a: 0,4

S t r a s s e

13a

8a

15d

1a: 0,4

H e r z o g - S t r a s s e

13b

13c

3d: 1,5

V e r k e h r s

6b: 30

8b: 39

15e: 22

F i

3d

3c

Hch-

Haupt-Zollamt

L a n d

5b

St Pauls-Str.

Schulhs

Zoll-Str.

B a y e r

Klee-Str.

St Pauls Kirche

H e r z o g

10d

14c

Versandt-Güterhalle

Rennbahn-Str.

Circus

3f: 0,5

3f

G r a s s e r - S t r.

VORARBEIT in 1:5000
zur Karte

DER VERTHEILUNG DER BEVÖLKERUNG
IM 9. BEZIRK DER STADT MÜNCHEN
nach der Berufs- u. Gewerbezählung von 1895.

*Die blauen Zahlen geben die Nummer, die rothen
die Gesammtdichte (pro Ar) der Zähl-Distrikte.*

////// Gewerbetreibende etc.

\\\\\\ Handel - u. Verkehrtreibende

═══ öffentlichen Dienst oder freie Berufe ausübende

|||||||| Berufslose

Strichweite bei 1 Kopf pro Ar = 4 mm
       " 2 " " = 2 mm u.s.w.

Theresien-Wiese

N

Platz

Allgemein
Krankenhaus
15^b 11

16^a 16
16^d 9
16^c 11
16^b 7
16^d 9
16^a 9
16^a 8·0

Kaiser Ludwig-
Platz

Nussbaum Str.

Goethe-Strasse
Göthe Pl.

Maistr.
Lindwurm Str.
Beethoven-Str.
Schubert-str.
Mozart-Str.
Herzog-Heinrich-
Rückert-Str.
Rückert-Str.
Schwanthaler-Str.
Kobell-Str.
Bayer

Häuserfront
Grenze des Strassenkörpers
öffentliche Gebäude
Grenze der Zähldistrikte bez. Häusergruppen
Bezirksgrenze
Trambahnen

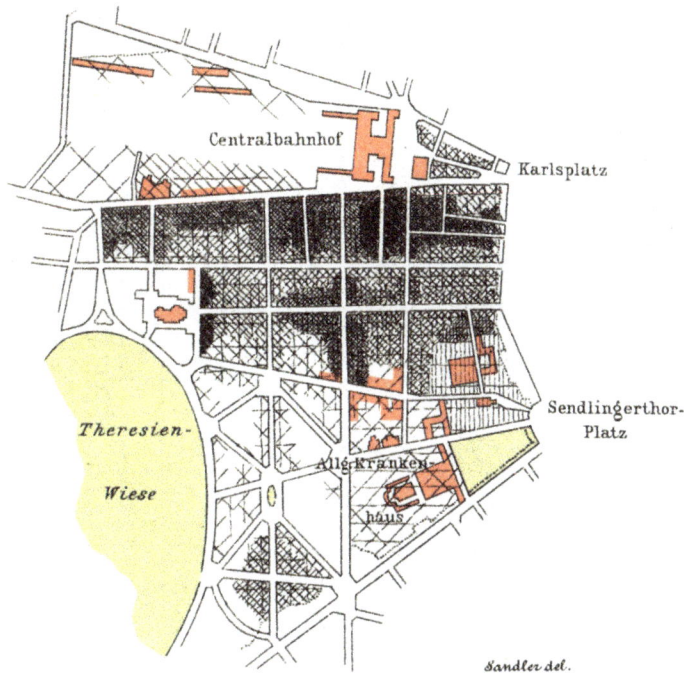

Centralbahnhof

Karlsplatz

Sendlingerthor-
Platz

Theresien-
Wiese

Allg.Kranken-
haus

Sandler del.

VERTHEILUNG DER BEVÖLKERUNG
IM
9. BEZIRK DER STADT MÜNCHEN
dargestellt nach der Berufs- u. Gewerbezählung v. J. 1895.

Maasstab 1:20 000

Bewohnte Fläche (ohne Centralbahnhof) 7200 Ar,

verrechnete Gesammtbevölkerung 24 016 Seelen,

mittlere Dichte der Gesammtbevölkerung 3,3 pro Ar,

Maximaldichte (Senefelderstrasse) 11,2 .

Gewerbetreibende ecl. (Schraffirung ⫽⫽⫽⫽) 37% der Gesammtbevölkerung , mittlere Dichte						1,2
Handel- u. Verkehrtreibende (" ⫽⫽⫽⫽) 36% " " "						1,2
Öffentl. Dienste o. freie Berufe (" ≡≡≡) 8% " " " ausübende						0,3
Berufslose (" ⦀⦀⦀) 18% " " "						0,6

Strichweite der Schraffirung: bei Dichte 1 pro Ar 1 mm, bei Dichte 5 ⅕ mm.

▭ Öffentliche Gebäude   ▭ Öffentliche Anlagen

www.ingramcontent.com/pod-product-compliance
Lightning Source LLC
Chambersburg PA
CBHW081341190326
41458CB00018B/6068